和菓子ものがたり

中山圭子

朝日文庫

〈単行本〉一九九三年十二月　新人物往来社刊

和菓子ものがたり⊙もくじ

和菓子綺譚　31

謎づくし十三題　97

記憶の彼方から　177

菓子十曲屏風　251

虎屋……口伝によると、奈良時代より御所御用を勤める和菓子店。明治二（一八六九）年の遷都を契機に、京都店はそのままに東京に出店する。虎屋文庫は、昭和四十八（一九七三）年、赤坂本店に設立された資料室で、江戸時代を中心とする御用記録や絵図帳ほか菓子資料を保管し、菓子文化の紹介を目的に年二回ほど、菓子関連の展示会を開催している。

虎屋文庫
〒107-8401　東京都港区赤坂４－９－22
tel : 03(3408)2402
fax : 03(3408)4561
http://www.toraya-group.co.jp/

和菓子ものがたり

まえがき

幼い頃大好物だった柏餅や草餅、贈物にもらって嬉しかった季節の生菓子など、和菓子をめぐる思い出は誰にでもあることと思います。

記憶の片すみに残る和菓子の味、色、形、団らんのひとこまは、わたしたちの心を癒し、潤いを与えてくれるものでしょう。

四季折々に、そして、年中行事や人生の折節に、和菓子は日々の暮らしを彩り、和やかな一時を創り出してくれます。

存在が身近なだけに、ふだん気にとめることはないかもしれませんが、和菓子の歴史や由来、意匠は、茶道をはじめ古典芸能や美術とも深く結びついており、調べるほどに奥が深いものです。長い時を経て、それぞれの時代の文化に育まれ、いく世代もの人々の夢や創意が託されてきた和菓子には、美味しさばかりでなく、日本を再発見させてくれるような出会いの魅力があるといえるでしょう。

こうした和菓子の世界を、より多くの人に楽しんでいただければと思い、和菓子についての小さな驚きや発見を自分なりにまとめてみました。

お好みの和菓子と熱い日本茶を傍らに、くつろぎながら気軽に読んでいただけたらと思います。

和菓子こと始め

饅頭《まんじゆう》、羊羹《ようかん》、最中《もなか》、煎餅《せんべい》など、和菓子といってもその色かたち、種類や味わいは様々。洋菓子に対して、和風の菓子の意味で和菓子と呼ばれるわけですが、この「和菓子」なる言葉、突然誕生したわけではありません。

和菓子、洋菓子として菓子を大きく和洋の二種に分けてしまったのは、明治時代以後、多くの洋菓子が日本にもたらされてからのこと。もっとも当初は「和製菓子」「日本菓子」「邦菓」と呼ぶことが多く、「和菓子」が業界で定着するのは、大正末期より昭和初め頃と考えられます。

よって、明治以前は、「菓子」や「御菓子」と表記されましたが、その語源を遡る

古今名物御前菓子秘伝抄

と「果子」に同じで、木の実や果物を意味しました。*今でも果物を木菓子や水菓子と呼ぶ名ごりがあるように、もともと果物は菓子と考えられていたのです。両者の区別がはっきりするのは、四季折々の自然風物を象《かたど》った、日本ならではの菓子が作られる江戸時代半ば以後のことでしょう。

今日見るような多種多様の和菓子が生まれるまでには、実に長い年月が必要だったわけですが、ではその過程とはどのようなものだったのでしょうか。

◎外来菓子の影響

和菓子を思わせる古代の食品といえば、餅や団子の類でしょう。大陸より水稲耕作が伝えられるのは縄文晩期〜弥生時代ですが、野山への携行や保存用に、火にかけた穀物を搗《つ》いてまるめたりする工夫は、かなり早くから自然に行われていたことと思われます。ときには果物の汁や植物の蜜で甘みをつけることもあったでしょう。

このように、日本古来の食生活に付随して生まれた団子や餅が、今日に至るまで受け継がれていく一方、これまでにない加工食品が異国よりもたらされることで、日本の菓子史に多大な変化が生じます。それらを順にあげると①唐菓子《とうがし》(からくだもの)②点心

③南蛮菓子になります。

①唐菓子

飛鳥~平安時代には、朝鮮半島を経て、中国大陸の文化が盛んに日本に伝えられます。日本からも遣隋使、遣唐使の派遣があり、制度、文物の輸入が積極的に行われますが、この時期に伝えられた菓子が唐菓子です。

唐菓子とは、小麦粉や米の粉をこね、花や虫、縄などの形にし、主に油であげたものと伝えられます。平安時代中期の漢和辞書『和名類聚抄《わみょうるいじゅしょう》』や鎌倉時代の料理書『厨事類記《ちゅうじるいき》』には八種の唐菓子の名が記されており、江戸時代後期の考証学者、藤原《ふじわら》貞幹《さだもと》の『集古図《しゅうこず》』や国学者喜多村信節《きたむらのぶよ》の『嬉遊笑覧《きゆうしょうらん》』（一八三〇序）を参考にすると、その形は次のように考えられます。

梅枝《ばいし》　梅の枝の形を模したもの。枝の分かれ具合で、二梅枝、三梅枝がある。

桃枝《とうし》　桃の枝を模したもの。

餲餬《かっこ》　すくも虫（地虫）を模したもの。

桂心《けいしん》　肉桂《にっけい》（ニッキ）を加味したもの。中国の王冠に似せたともいわれる。

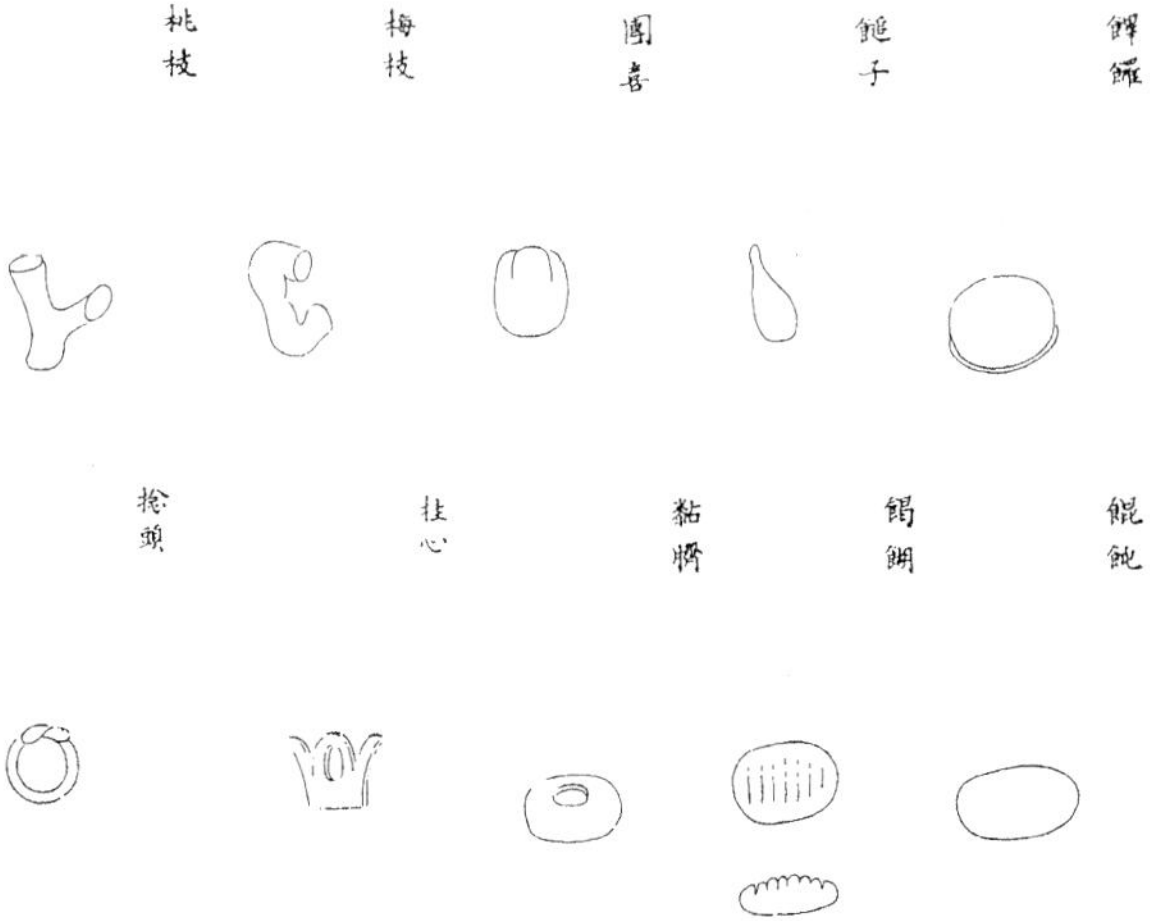

集古図写し

黏臍《てんせい》　臍《へそ》の形に似て窪みのあるもの。
餺饠《ひちら》　薄い円形で花弁に似たもの。
䭔子《ついし》　芋の子（里芋の親芋についた小さな芋）に似た団子形。
団喜《だんき》　団子状のもの。歓喜団として聖天様のお供えに使われる。

このほか、粉熟《ふずく》、糫餅《まがり》、捻頭《むぎかた》、索餅《さくべい》、餺飥《ほうとう》、餛飩《こんとん》、餅餤《へいだん》、煎餅《いりもち》、粔籹《おこしこめ》なども唐から伝わりました（読み方については諸説あり）。このうち索餅は素麵、餺飥はホウトウやうどん、粔籹はおこし米の原形と推定されます。なお、唐菓子に椿餅を含める説もありますが、これについては異論もあり、今後の研究課題です。

さて肝心の味についてですが、当時、砂糖は薬用とされる貴重な輸入品だったこと**もあり、こうした唐菓子の甘味には甘葛《あまずら》が使われていました。甘葛は、『枕草子』にも「削氷《けずりひ》に甘葛いれて、あたらしき金鋺《かなまり》にいれたる……」と見える貴重な甘味料。甘葛をアマチャヅルあるいは、アマチャとする説もありますが、分布状況などから判断して、甘蔗《かんしょ》（砂糖きび）の汁の甘味に匹敵する地錦《つた》***説が有力です。

現在でも唐菓子のいくつかは、奈良の春日大社や、京都の上賀茂神社の神饌として作られていますが、平安時代には市でも売られ、宮中行事にも使われていました。奈良～平安時代の宮中行事の献立記録がみえる『類聚雑要抄《るいじゅざつようしょう》』（巻之二）にも、唐菓子の餲餬、桂心、黏臍などを器に盛った図がありますが、同時に松子、干棗《ほしなつめ》、柘榴《ざくろ》などの木の実や果物が「御菓子」や「木菓子」として描かれていることに注目したいもの。唐菓子がもたらされることによって、これまで果物や木の実のことであった「菓子」に、加工食品の意味が加わったといえるでしょう。

②点心

喫茶の風習は、奈良～平安時代に、中国より伝わったとされますが、遣唐使廃止などにより一時途絶えていました。しかし鎌倉時代に栄西禅師《えいさいぜんじ》が中国より茶種を持ち帰ったことから、栽培が広まり、茶は嗜好用として愛飲されるようになります。

また、同じ鎌倉～室町時代にかけて、中国に留学した禅僧が、点心を日本に伝えます。点心とは、食事と食事の間に食べる小食《こしょく》を意味する禅用語で、羹《かん》や饅頭などがありました。羹は、本来とろみのある汁物をさし、猪羹、海老羹、白魚羹など、四十八羹あったとされ（『包丁聞書』）、羊羹もその一つに数えられます。こうした羹類は、文字どおり、動物肉を入れた汁物でしたが、日本に入ると、動物の形を模した寄物《よせもの》（小麦粉、葛粉などを練り合わせ、蒸したもの）として作られたと考えられます。禅僧は、肉食を禁じられていたことから、形だけを似せたのでしょう。

一方、饅頭はこの時期、酒種を使う酒饅頭とふくらし粉を使う薬饅頭が伝わったとされます。当時の饅頭の中身は、現在のような甘い小豆餡ではなく、野菜や砂糖を具にしたものでした。羊羹も饅頭も現在では甘い菓子ですが、砂糖といえばまだまだ高価な輸入品であったため、砂糖入りは「砂糖羊羹」「砂糖饅頭」と区別するほどで、通常、たれ味噌や汁とともに食べるものでした。

③南蛮菓子

下剋上の乱世を迎えた戦国時代の半ば、ポルトガル人が種子島に漂着した（天文十二〈一五四三〉年）ことをきっかけとして、南蛮貿易が始まります。

南蛮人とは、ルソン、マカオなど南方の地より来航したポルトガル人やスペイン人のこと。南蛮貿易は、このポルトガルやスペインを主な相手国として、徳川幕府がキリスト教禁止を目的にポルトガル船の来航を禁止する寛永十六（一六三九）年まで続きました。鉄砲、火薬などの武器や、造船・航海面でのすぐれた技術の伝来は、キリ

スペイン・ポルトガルの砂糖菓子（Confeito）

スト教の普及とともに、当時の人々に大きな刺激を与えたといえるでしょう。

南蛮菓子も、この南蛮貿易でもたらされたり、商人や宣教師を通じて伝わったもので、カステラ、金平糖、カルメラ、ビスケットなどがありました。『甫庵太閤記《ほあんたいこうき》』（一六二五序）には、「……上戸には、ちんた、葡萄酒、ろうけ、がねぶ、みりんちう、下戸には、かすてぃら、ぼうる、かるめひら、あるへい糖、こんへい糖等をもてなし、我が宗門に、引き入る事、尤もふかかりし也」とあり、布教に酒や菓子が使われたことがわかります。

南蛮菓子の多くはポルトガル語に由来しており、金平糖は、Confeito《コンフェイト》、有平糖（飴菓子の一種）はAlféloa《アルフエロア》あるいはAlfenim《アルフエニン》、ぼうろやぼうるは、Bolo《ボーロ》が変化したと伝えられます。またカステラは本来Castela（当時のスペインの呼び名）の菓子であったことから名づけられたとされます。南蛮伝来の菓子は卵や油を使用したり、砂糖の特性を生かした新しい製法技術によるものばかり。こうした外来の製法が日本の菓子にも応用されていきます。

◎和菓子の発展・大成

南蛮菓子が伝来し珍重された戦国～安土桃山時代は、茶道の確立期とも重なります。村田珠光《むらたじゅこう》から武野紹鷗《たけのじょうおう》につながる草庵風の茶の流れを経て、千利休《せんのりきゅう》によってわび茶が大成されるわけですが、茶の湯の流行は、同時に和菓子の発展を促した要因とも考えられるでしょう。といっても、『天王寺屋会記《てんのうじやかいき》』や『松屋会記《まつやかいき》』などに見られる初期の茶会の菓子は、栗や榧《かや》などの木の実、柿などの果物、昆布が主で、饅頭や羊羹などはたまに使われる程度でした。

しかし、茶道に見られる古典文学を重んじる風は、江戸時代の中頃に菓子にも投影されていきます。この発祥地はもちろん京都で、花鳥風月に因む美しい意匠や銘をもつ菓子が次々と工夫されました。このようにみやびで味わい深い京菓子は、高級菓子として評判になり、江戸をはじめ各地で商売をする京下りの菓子屋の数も増えます。江戸日本橋に店を構えた京菓子《きょうがし》司桔梗屋《つかさききょうや》の菓子銘記録（一六八三・『一話一言』所載）や京都で刊行された『男重宝記《なんちょうほうき》』（一六九三）には、「から衣」「春霞」「朧夜《おぼろよ》もち」など、詩歌に因んだ菓子銘を多数見ることができ、この頃には、現在あるような菓子が市販されていたことがわかります。

また茶の世界では、各流派の宗匠《そうしょう》の趣向を反映した菓子も作られるようになり、

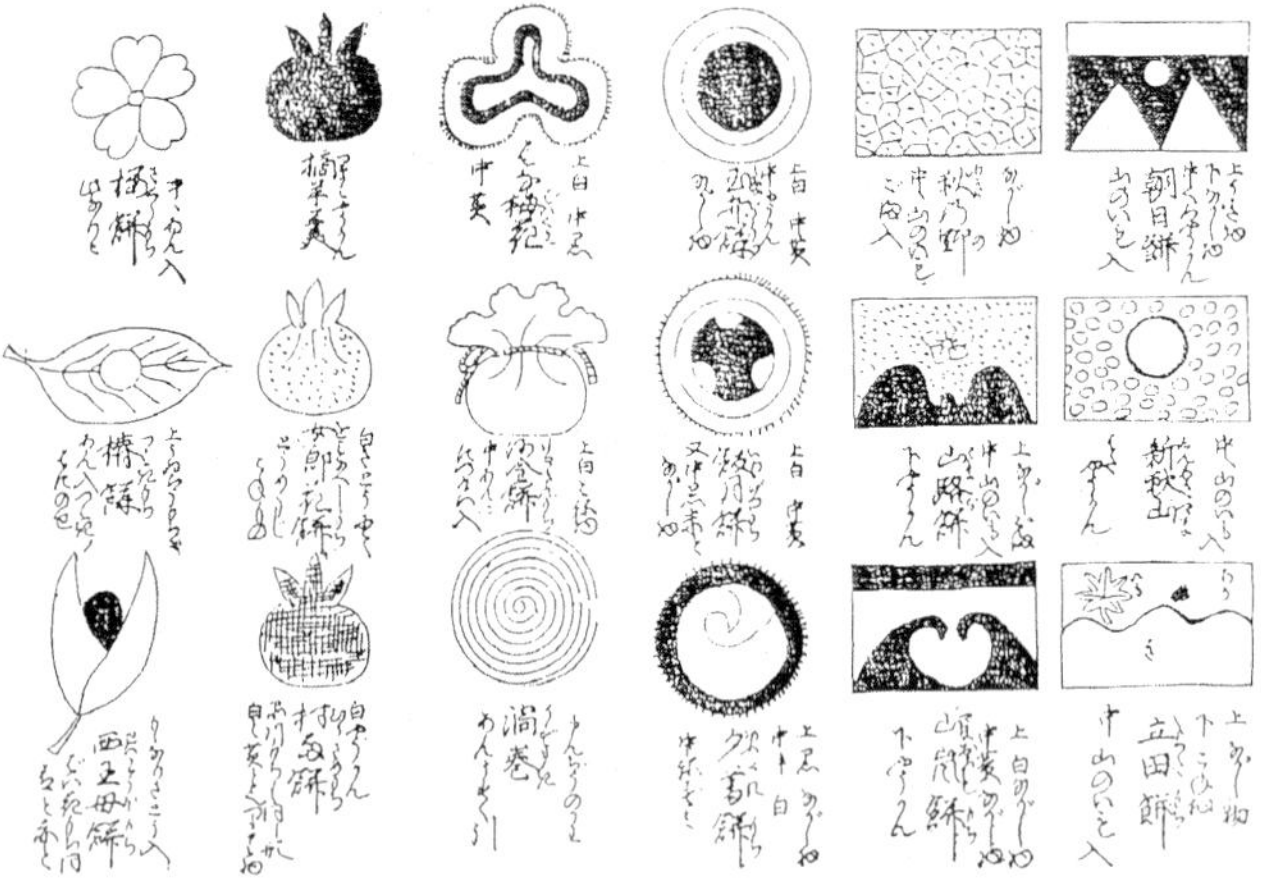

菓子絵図　男重宝記

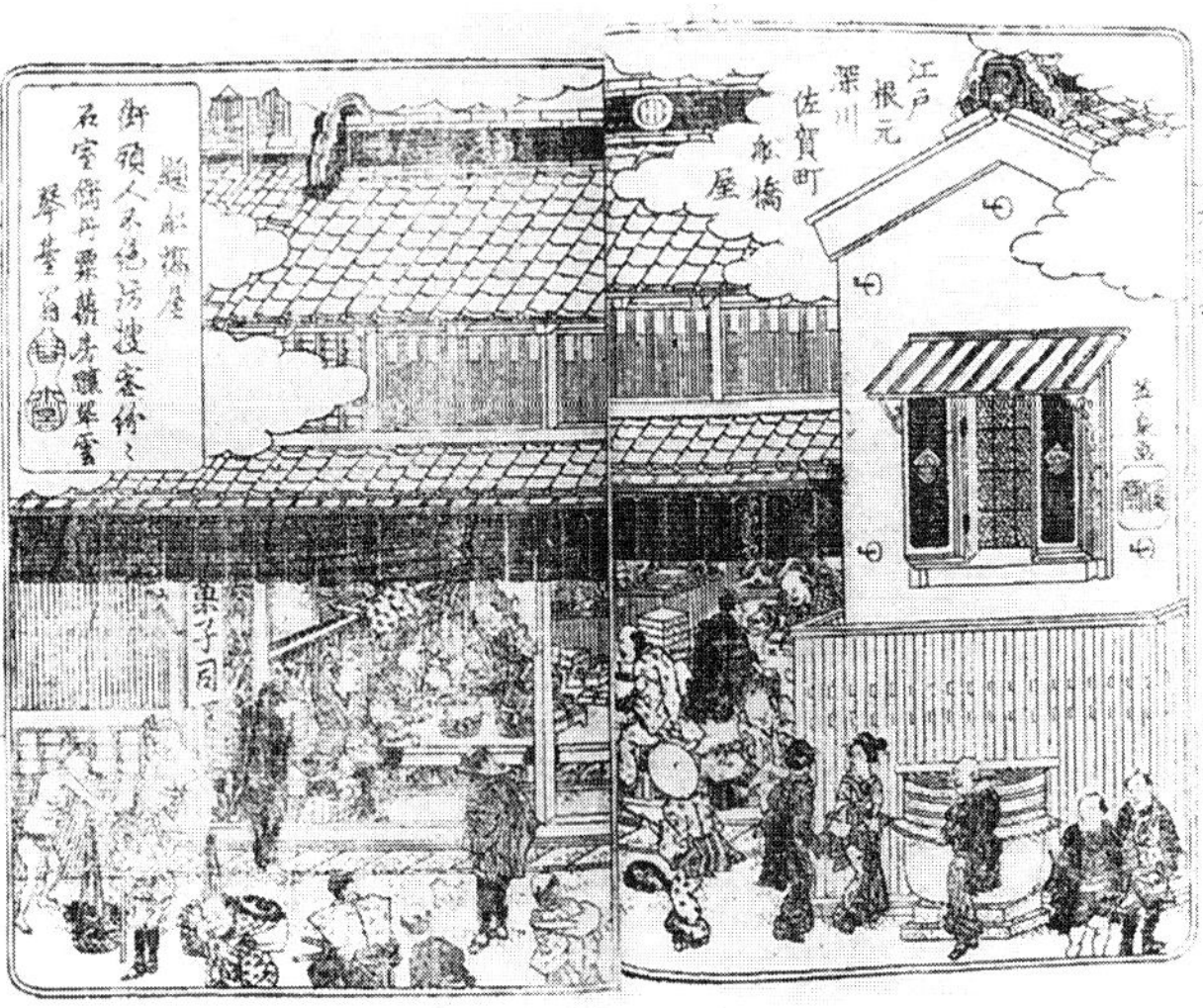

店構え　菓子話船橋

享保期（一七一六〜三六）を過ぎた頃には、宗匠や宮家好みの「御好み」と呼ばれる菓子も記録されるようになります。こうして菓子の銘や意匠は、茶人の美意識によって、より洗練の度合いを深めるのです。

同時に、江戸時代に入り、奄美大島や琉球で黒糖が作られたり、白砂糖の輸入量が増えたことも見逃せません。特に、享保期以後は八代将軍徳川吉宗により、砂糖きびの国内栽培が奨励され、砂糖が次第に入手しやすくなる時期でもあり、砂糖の特性をいかした細工ものの菓子技術が向上し、味わいも増したといえるでしょう。前述した外来菓子も味や製法が工夫され、伝来当時とはやや異なった、日本人の嗜好に合うものへと変化します。また、茶会や献上用の菓子だけでなく、神社や寺の門前で団子や餅などを売る店も増え、各地それぞれの名物菓子も生まれるようになりました。加えて享保三（一七一八）年に菓子製法書『古今名物御前菓子秘伝抄《ここんめいぶつごぜんかしひでんしょう》』が、そして宝暦十一（一七六一）年には『古今名物御前菓子図式《ここんめいぶつごぜんかしずしき》』、天保十二（一八四一）年には『菓子《かし》話船橋《わふなばし》』が出版され、菓子雛形などの写本も数多く出まわります。こうした出版物や写本を通じ菓子の知識や製造技術も広まったと思われます。

また、各地の藩主も来客用や進物用、あるいは茶会用に京風のみやびな菓子やその土地ならではの銘菓を作る必要にかられたため、評判の菓子屋を呼び寄せたり、新菓を作らせたりしました。金沢や松江などの城下町がその例で、現在も数々の銘菓が伝えられます。特に松江は、藩主松平治郷《はるさと》（不昧公《ふまいこう》）が茶を嗜んでおり、不昧公ゆかりの銘菓として、「山川」や「若草」「菜種の里」などが有名です。

◎菓子屋の形態

こうして、江戸時代中期以後、日本独自の菓子文化が開花するわけですが、ここで少々、その発展を担った江戸時代の菓子屋について述べてみましょう。身分制度の厳しい封建制度のもとでは、客層によって菓子屋の販売形態も異なっていました。その種類は、御用菓子屋、寺社門前や名所ほか盛り場近くの菓子屋、振売り（行商）などに大別できるでしょう。

御用菓子屋は、上層階級を顧客とし、見た目にも美しく、白砂糖を使った高級感ある菓子を扱っており、上菓子屋とも呼ばれました。その主な得意先は、京都の場合、御所や公家、寺社で、江戸では幕府や有力武家、地方では藩主でした。もちろん、上客として富裕な町人層も含まれますが、御所や幕府への出入りを許されることこそ、店の名誉となりました。また、こうした菓子には、京風のみやびなものが好まれたため、江戸ほか地方の御用菓子屋の多くは、京下りであったり、京都で修業した職人をかかえていました。色、形、味わいすべて洗練された京風の菓子は、贈答にも好まれ、もてはやされたといえるでしょう。

『江戸買物独案内《えどかいものひとりあんない》』（一八二四）所載の商標でも「水戸御用」「一橋御用」「京御菓子司」などの文字が目につくように、御用や京菓子という言葉は、菓子屋の格付けになりました。

具体的な菓子屋の名をあげると、京都では御所や公家御用として川端道喜《かわばたどうき》（餅菓子や粽《ちまき》専門）、二口屋能登《ふたくちやのと》（廃絶）、松屋山城（現松屋常盤）、虎屋近江（現虎屋黒川）などがあり、江戸幕府の御用菓子屋としては、大久保主水《おおくぼもんと》、桔梗屋河内、長谷川（虎屋）織江、金沢丹後《かなざわたんご》などが知られます（幕府の御用菓子屋は、明治維新後廃業してしまい、現在では皆存続していません）。

御用菓子屋は店構えも大きく、江戸では、屋号などを記した蒸籠《せいろう》（外居《ほかい》）の外箱を看板として店先に置いていました。また、御用菓子屋にとって、大掾《だいじょう》や少掾《しょうじょう》などの官名を受領することは店の権威になったため、後には、大金を出して公家に官名をつ

上菓子屋　江戸職人歌合

けてもらう風潮も広まりました。なお元禄三（一六九〇）年刊の『人倫訓蒙図彙《じんりんきんもうずい》』の菓子師の詞書に「諸々《もろもろ》の乾菓子《ひがし》、羊羹、饅頭の類、饂飩《うどん》、蕎麦切これをなす……」とあるように、御用菓子屋を中心とした当時の主要な菓子屋は、菓子だけでなく、饂飩、蕎麦などの麺類も作っていたことが特色としてあげられます。

一方、寺社門前や宿場、名所近辺の菓子屋は、庶民相手に団子や饅頭など、安くて素朴な菓子を商っていました。こうした店は、よそにない名物菓子で話題になることが商売繁盛の秘訣。茶店を兼ねた大きな店もありましたが、小屋がけや屋台のような店が大半を占めました。代表的な菓子や店は、名所図会や名所案内記など、当時のガイドブックに紹介されています。江戸では、浅草寺境内の浅草餅、目黒不動尊の粟餅、京都では、誓願寺の大仏餅、北野社門前の粟餅などがその例でしょう。評判の菓子を目当てに集まる人も多く、菓子を通じて、人々が歓談する社交場が形成されたともいえます。

また振売りは、飴売りやところてん売りほか、団子、餅売りなど様々で、呼び声やいでたちに工夫を凝らして、道ゆく人々を引きつけていました。こうした菓子は、それほどの資金や技術を必要としないため、素人でも商売をしやすかったのでしょう。行商の踊りや唄の中には歌舞伎の所作事に取り入れられ、大流行したものもありました。

上品な高級菓子を売る店がある一方、このように庶民相手の菓子屋や行商人が人気を集めていたことに、活気あふれる当時の菓子文化がうかがえると思います。

◎和菓子の魅力、再発見

文明開化の幕開けとなる明治時代以後は、冒頭で述べたように、西洋伝来の菓子が広まり、洋菓子そして和菓子という言葉が誕生します。戦時中の食料難の時代には廃業した菓子屋もありましたが、戦後、経済成長とともに、再び菓子の消費量も伸び、現在では、形や色ばかりでなく、包装紙にも趣向を凝らした商品が続々登場して私たちの目を楽しませてくれます。といっても、見かけや体裁が重視され、味がおろそかになっていることもしばしば。洋風和菓子なる新種も人気がありますが、アイデアが奇抜すぎて、食べものらしくないものも見かけます。

このように目新しい和菓子が日々生み出される現在、伝統的な和菓子を見直し、その由来や逸話をもっと深く探ってみるのも興味深いことと思います。

＊『養老令』（七一八年頃編纂。七五七年施行）や『日本後紀』（八四〇成）には「主菓餅」という役職名が見えます。主菓餅は、諸国から貢納される果実類を管理したり、唐菓子ほか餅類を作る役目を担っていました。
＊＊日本に初めて砂糖が伝来するのは、今からおよそ千二百年前、唐僧鑑真《がんじん》が来朝した頃と考えられます。
鑑真は十数年の苦難の後、失明しながらも、天平勝宝六（七五四）年、来朝を果たしますが、この鑑真の第二回目の来朝計画（七四二）の積載貨目に「石蜜《せきみつ》・蔗糖《しょとう》等五百余斤、蜂蜜十斛及び甘蔗八十束」と見えます（『唐大和上東征伝』）。

鑑真来朝の一世紀ほど前に、すでに中国ではインドより製糖法を導入しており、甘蔗の汁をしぼって固めた沙糖も作られていました。この沙糖及び蔗糖は黒砂糖に近いと推測されます。

これらの砂糖類は、当時、貴重な薬用品であり、聖武太上天皇が没した天宝勝宝八（七五六）年に光明皇太后が東大寺に奉納した薬品目録『種々薬帖《しゆじゆやくちよう》』にも、「蔗糖、二斤十二両三分」と記述があります。

＊＊＊「史的天然記念物甘葛煎の基本食物について」『白井光太郎著作集』第五巻　科学書院　一九八七年。

また、一九八八年には、福岡県小倉薬草研究会の石橋顕氏が地錦の汁を煮詰めて、甘葛の復元をした報告があります（『幻の甘味料　甘葛煎研究』）。

和菓子綺譚

秘められた宇宙観――花びら餅

新年を寿《ことほ》ぐ和菓子には「草」「水」など宮中の歌会始めの御題（お題）に因んだ御題菓子や、十二支の動物をイメージした干支菓子《えとがし》がありますが、最近では花びら餅が人気上昇中。十二月末〜一月のみの販売とはいえ、デパートでもよく見かけますので、ご存じの方も多いでしょう。店によって多少の違いはありますが、花びら餅とは、丸い白餅（あるいは求肥《ぎゅうひ》）の上に紅の菱餅をのせ、味噌餡と甘煮にした牛蒡《ごぼう》を置き、半円状に折り畳んだもの。白地にほんのりと透ける紅色が新春の華やぎを思わせ、梅の花びらにも似た品の良さが人目を引きつけます。

花びら餅は本来、宮中や神社、公家などの正月行事に使われた菱葩《ひしはなびら》に由来し、明

花びら餅

治時代に裏千家十一世玄々斎《げんげんさい》が宮中より許され、初釜（新年に初めて行う茶事）に使うようになったと伝わります。菱葩は、菱形の餅と葩《はなびら》に見立てた丸餅の組み合わせから名づけられたもので、室町時代初期の『鈴鹿家記《すずかけき》』に、「主君エ菱花ヒラ出ル」（貞治三〈一三六四〉年正月朔日）とあるのが現在のところ初見と思われます。鈴鹿家は京都吉田神社の旧社家の一氏で、宮中とのつながりも深かったと考えられます。この史料の成立については疑問視されており、検討が必要ですが、菱葩が神道の儀式の中で重視されていたことは想像できます。また、戦国時代の公家山科言継《やましなときつぐ》の日記『言継卿記《ときつぐきょうき》』の天文十六（一五四七）年正月二日の条にも「菱花平」の名が見えます。

さて、由緒ある菱葩のルーツをさらに遡ると、行きつくところは、新年の「歯固《はがた》め」の祝い行事です。『源氏物語』の「初音《はつね》」に「歯固めの祝ひして、餅鏡をさへ取り寄せて」とありますが、平安時代の頃より、齢《よわい》を固める（長寿を願う）ため、猪、鹿、大根、瓜、押鮎《おしあゆ》などの食物を食べる習わしがありました。菱葩は「歯固め」が儀式化していく過程で生まれたとされ、牛蒡は押鮎の見立て、味噌は雑煮の意味が込められているといわれます。

時代変わって現在も、菱葩は宮中のお節料理の一つとして作られています。元日、天皇陛下は、四方拝《しほうはい》と賢所《かしこどころ》などへの参拝の儀式の後、お一人だけの「晴御前の儀《はれごぜんのぎ》」を終えられ、その後、午前八時頃、大膳課《だいぜんか》で用意された菱葩主体の新年のお祝い料理を皇后様と召し上がるとのこと。この菱葩は、花びら餅と同様の形状ですが、白餅の直径が十五センチ強でかなり大きいもの。菱餅の紅色は小豆の渋による色づけで、餅に甘味はつかないという違いがあり、陛下も形式的に箸をつけられる程度と聞きます。

また、菱葩は、賢所や皇霊殿《こうれいでん》のお供えとしても使われます。この場合、牛蒡や味噌がつかず、菱、葩別々にして五枚重ねにしたものを用意します。かつては、川端道喜の『御定式御用品雛形《ごじょうしきごようひんひながた》』に見える「御鏡餅錺《おかがみもちかざり》」や「御買始錺《おかいはじめかざり》」などの錺方があったようです。

川端道喜は、粽や餅菓子で知られる京都の菓子屋で、室町時代より御所御用を勤めていました。成立年代は不明ですが、『御定式御用品雛形』は同家に伝わる御用関係の資料の一つで、一年の行事にまつわる餅の盛り方が、絵図主体で記されています。

左図のように鏡餅は紅白の丸い餅を重ねたもので、紅餅の上に大葩（円形の白餅）十二枚、大菱（菱形紅餅）十二枚を置き、その上から大長昆布を二枚重ねにし、頂きに串柿二本、そして紅白の水引きで伊勢海老を結びつけた巾着形の白餅がのります。鏡

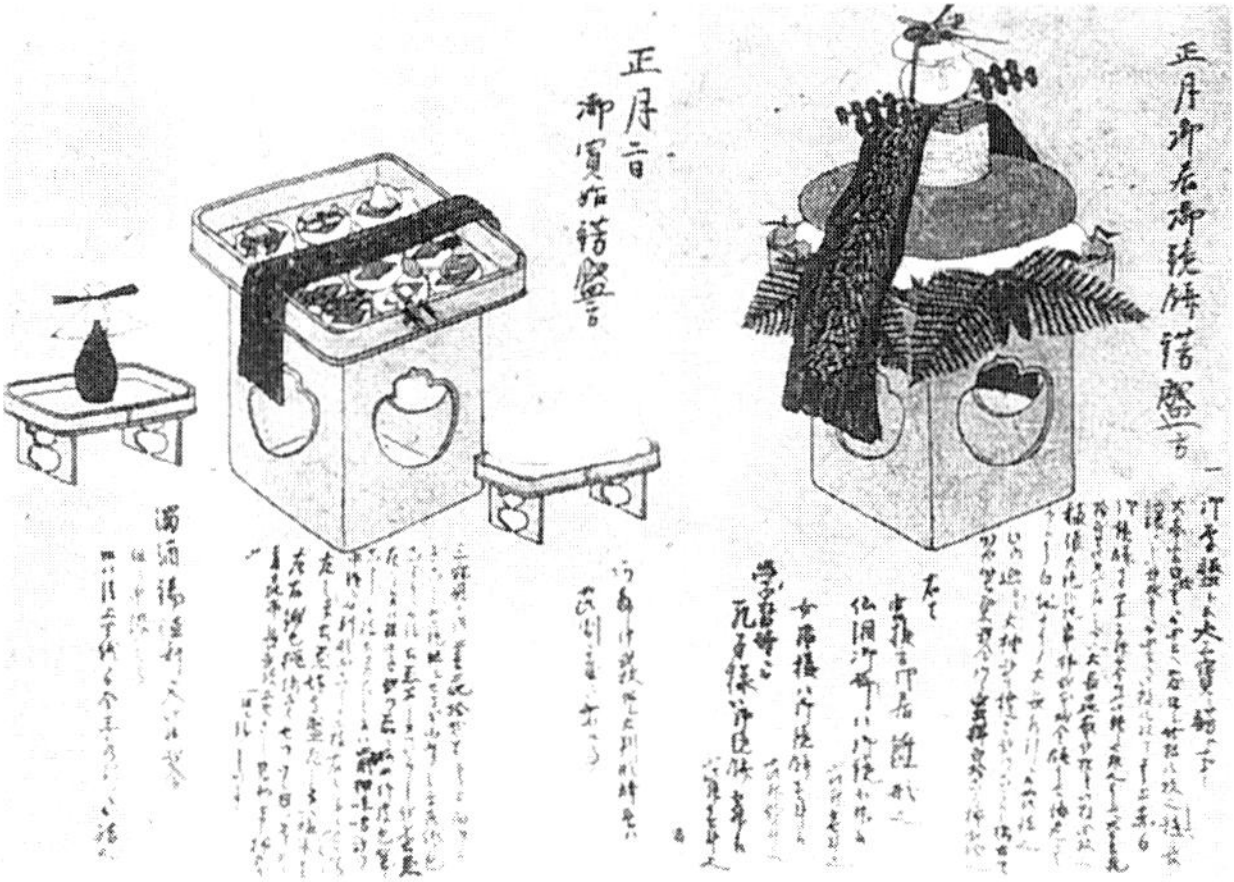

川端道喜の御定式御用品雛形　川端道喜蔵

餅を置く白木《しらき》の三方《さんぼう》にはゆずり葉が敷かれ、周囲には、ころ柿、蜜柑、勝栗が並べられる大変豪華なものです。

「御買始錺」では、三方に菱葩を十二重ね並べ（丸い白餅一枚ごとに紅の菱餅一枚をのせた形）、*それぞれにいわし、数の子などを盛っています。十七世紀中頃の『後水尾《ごみずのお》院当時《いんとうじ》年中行事《ねんちゅうぎょうじ》』の記述などから、同様の飾り方はすでに江戸時代初期にはあったと推測できますが、現在の宮中や宮家ではどの程度まで継承されているのか不明です。

一方、こうしたお供えとは別に、年賀に参内する公家や高官への下賜用にも菱葩が用意されました。**この菱葩は花びら餅同様、味噌や牛蒡をはさむもので、持ち帰って雑煮にされたとか。菱葩を包み雑煮、包み牛蒡というのは、その名ごりでしょう。

同様に今でも新年祝賀の儀の参列者には菱葩が配り物とされます。お供え用の菱葩と同じ材料、同じ大きさで作るため、餅に甘味はつかず、菓子の花びら餅より少し大きめ。清めのため、表面を軽く焼き、奉書紙《ほうしょがみ》ではさむという違いもあります。

ところで、菱葩はなぜこれほどまでに正月の儀式の中で使われてきたのでしょうか。その形や色、名称には何か特別な意味があるのでしょうか。

考えれば考えるほど、謎に満ちた菱葩ですが、関連づけられるのが古代中国の哲理、陰陽五行説に基づく陰陽道《おんようどう》です。万物を陰陽の二元に分けて解明する陰陽道では天は丸、地は角で表わされるもの。江戸時代、藤井常枝***の著した『年中行事《ねんじゅうぎょうじ》秘録《ひろく》』には、陰陽道の観点から「粽は男子の節句故、天を象り丸形にし、菱餅は女子の節句故、地に象り方形にする」旨の形の説明があります。この二元論でいけば、菱葩は菱（方形）と葩（丸）の合体で、合わせて天地、すなわちこの世のすべてを包み込む広大無辺の宇宙を象徴することになるのではないでしょうか。また、菱葩全体で生命をはらむ母体、すなわち女性そのものを象徴するという考え方もあります。梅の花びらにもたとえられる菱葩ですが、古来、人々は、菱と葩の合体にこの世を支配する目に見えない神秘な力を感じ、賞味し神に供えることで、万物の豊饒や太平の世を願ったのかもしれません。

　小さな菱葩に秘められた深遠な宇宙観……。この菱葩が花びら餅となり、今では正月の菓子として定着し始めているのはうれしいこと。新しい年の始まりの清々しさにもふさわしく、花びら餅は菱葩に由来する宇宙観を内に秘めつつ、私たちの心をときめかせてくれます。白地にほんのり透けて見える紅色には、新春の寿ぎ以上に多くのメッセージが込められているのでしょう。

＊ 菱餅と丸い白餅の組み合わせは、武家にも伝えられたと考えられます。江戸時代中期の有職故実家、伊勢貞丈《いせさだたけ》の『軍用記』（一七六一序）には、天文年間（一五三二〜五五）の武家風の鏡餅の飾り方として、大小の丸餅の上に菱餅を十個（赤五・白五）置く旨が記されています。なお、江戸時代の錦絵などにも丸餅に菱餅を置く鏡餅が見られます。

＊＊ 虎屋の宝永八（一七一一）年の御用記録には、菱、葩の原寸絵図が描かれており、御所にそれぞれ五百枚ずつ納めた記述があります。

＊＊＊ 生没年不詳。天明六（一七八六）年の序がある『和漢字名録』を著しています。

草餅と厄払い
——雛節句と菱餅

雛祭りに飾る菱餅といえば、紅、白、緑の三色と記憶している方が多いのではないでしょうか？　地方によっては四色や五色の菱餅もあるのですが、紅を桃の花、白を雪、緑を草に見立てて三色にするのが一般的でしょう。といっても、この三色の配色が広まるのは明治時代以後のようです。

時代は遡って江戸時代後期には、長さが一尺（約三十センチ）もある緑白緑の大型の菱餅が作られていました。当時の風俗を記した『守貞漫稿《もりさだまんこう》』＊（一八五三）によれば、緑白緑の菱餅は、女児が生まれた年の三月三日に、お祝いの返礼として親族や親しい人へ贈ったとのこと。現在の菱餅にくらべ地味な色合いですが、緑の部分を草餅で作

雛菓子

る点が意味深長。なぜかといえば、その背景に草餅と雛祭りの因縁深い関係があるからです。

そもそも雛祭りは、穢れを祓う上巳《じょうし》の節句に起源があり、雛人形を飾る子女の祭りになるのは、江戸時代に入ってからのこと。平安時代には、厄よけのために、人形《ひとがた》を流したり、母子草《ははこぐさ》を入れた餅を食べて邪気を祓う習わしがありました。母子草は、春の七草の一つ、ゴギョウ（御形）のことで、和泉式部の歌にも、

花の里心も知らず春の野に
いろいろ摘めるははこもちひぞ
（和泉式部集）

とあり、花の匂う里に出かける気にもなれず、山里に暮らす子供のために母子草を摘んで草餅（母子餅）を作った心情が詠まれています。

後には、母子草を入れて餅を搗くことが、母と子を連想させて縁起が悪いと考えられ、よもぎを使うことが多くなります。よもぎはキク科の多年草で、古来、煎じて飲んだり、傷口につけるなど、民間の治療薬の役目をはたしてきました。葉裏の綿毛が灸療治用のもぐさを作る材料になるのもご存じのとおり。また、葉の香気が災いを祓

うとされ、五月五日の節句には、軒にさしたり、菖蒲湯《しょうぶゆ》同様、よもぎ湯として使われました。草餅を食べれば邪気を祓えるという伝承もこうした薬効と無縁ではないでしょう。

菱餅がかつて白餅を真ん中にして、草餅を上下においた三段重ねで作られたのは、このように、本来、草餅を食べる風習に根ざしているのです。ところで、先の『守貞漫稿』によれば、京都や大阪(坂)ではよもぎと青粉（青海苔の意もありますが、ここでは大《おお》葉芥《ばがらし》の葉〈高菜〉を乾かして粉にしたもの）を使うのに対し、江戸ではよもぎを混ぜることはあまりなく、青粉で緑に染めた由。青粉で色をつけるとは、本来の厄よけの意味が薄れ、かなり形式的になっているようですが、この違いにより、江戸では草餅、京都・大阪ではよもぎ餅と呼ぶとのこと。現在、草餅を青粉で染めることはありませんが、草餅、よもぎ餅の呼び名の地域性は多少残っているかもしれません。

なお、宮中行事の雛節句にも、よもぎの菱餅と白の菱餅が使われました。これは宮中の庭前のよもぎを使ったもので、川端道喜の故十五代によると、御所の門札よりひとまわり大きな「蓬摘札」を腰にぶら下げていれば、天子に尻をむけてよもぎを摘んでもよかったそうです。同家の『御定式御用品雛形』には、前述した正月の菱葩同様、

川端道喜の御定式御用品雛形
川端道喜蔵

三月節句の菱餅の盛り方が描かれていますが、大菱餅は長さ二十センチ、厚さ二センチぐらいとのこと。これを十枚ずつ白の大菱餅と交互に星形に放射状に並べて三十枚ずつで、六十枚。その上に三十枚を六角形（亀甲形）に置き、さらにその上に十枚をのせて、合計百枚を飾りつけるのですから並はずれた数です。菱形を使うのは、先の陰陽道の思想と関連しているのでしょう。また、菱餅の横には草餅で作る、ほら貝に似た「ほら貝餅」を盛るとのこと。ほら貝に悪霊退散の意があることから、厄よけの願いが込められているのかもしれません。

さて、草餅と節句の結びつきですが、起源を探ればやはり行きつくところは中国。由来については、紀元前八世紀、周の幽王が三月三日に草餅を食べ、その美味を賛えて宗廟に献じたところ、太平の世になったことに始まるともいわれます（『掌中歴』）。

しかし、これはあくまで伝承で、『荊楚歳時記《けいそさいじき》』**にいう「三月三日、黍麹菜（ははこぐさ）の汁を取りて羹と作し、蜜を以て粉に和す、之を龍舌料《りゅうぜつはん》と謂い、以て時気《じき》を厭す」の龍舌料が日本に伝わり、草餅になったとも考えられています。中国には、このほかにも草餅に因む伝説があり、三月三日の節句以外に、五月五日、九月九日（重陽《ちょうよう》）の節句（二八六頁参照）に食べる習わしがありました。日本でも、三月ほか五月の節句によもぎ餅を食べることがあり、

切艾《きりもぐさ》二度の節句にあぶれたの（柳多留二七31）

のように、「餅にならなかったよもぎのなれの果て？　が、もぐさ」というおもしろい川柳があります。

考えてみると、現在、草団子や草大福などの草餅の同類は節句に限らず、四季を通じて味わえるもの。よもぎの風味と餡の相性の良さばかりに気をとられてしまいますが、本来は厄よけを願って生み出された食べものかと思うと、また、味わいも違ってくるでしょう。何気なく目にしていた草色にも不思議な力が宿っているようで、草餅の歴史に思いは巡ります。

草餅の濃きも淡きも母つくる　山口青邨

＊江戸時代後期の風俗を記した見聞録で、三十巻、後編四巻からなります。菓子の記述

も多く、本書でもたびたび引用しました。

著者の喜田川守貞は、文化七（一八一〇）年に大阪に生まれ、天保十一（一八四〇）年より江戸に移り住んだ、一市井人です。同書には上方や江戸の生活習慣が、挿絵とともに詳しく記述されており、江戸風俗を調べる上で貴重な史料とされます。嘉永六（一八五三）年、同書はいったん完成を見ますが、黒船来航により、一時、よそへ預けられ、その後、また加筆されました。なお、本書では同書の成立を一八五三年としました。
＊＊ 六世紀成立の歳時記で、荊楚地方（現在の中国湖北湖南）の民間年中行事を記します。日本に伝えられたのは奈良時代で、日本の年中行事にも影響を与えたとされます。

嘉祥の儀のいろどり

六月十六日は、和菓子の日。一九七九年、全国和菓子協会は、旧暦のこの日に嘉《か》祥《じょう》の儀《ぎ》が行われたことに因み、和菓子の日を設定しました。以後、毎年六月十六日には、和菓子キャンペーンや献菓祭が催され、写真のような嘉祥饅頭や、嘉祥菓子が売り出されます。嘉祥饅頭の焼印《やきいん》は、全国和菓子協会のマーク。半分に切った饅頭を上下につなげ、杵形に見立てた可愛らしいデザインです。

さて、嘉祥の儀ですが、もはや廃れてしまった行事だけに、ご存じない方も多いでしょう。由来については諸説ありますが、江戸時代の図説百科事典『和漢三才図会《わかんさんさいずえ》』（一七一二序）では、白亀が献上されたことを瑞祥《ずいしょう》（吉兆）として、仁明天皇が嘉祥

嘉祥饅頭

と改元された八四八年の六月十六日、群臣に、十六の数に因んだ食物を賜ったことに始まると記しています。

この行事が宮中や武家の間で盛大に行われ、民間にも浸透していくのは、室町時代から江戸時代にかけてのこと。特に武家の間では、当時流通した宋銭、嘉祥通宝《かじようつうほう》の「嘉通」が「勝」に通じることから縁起を担ぎ、嘉祥通宝十六枚で菓子を求めたり、主君から下賜された嘉祥米を菓子と交換しました。同様に民間においても十六に因んだ個数、あるいは十六文分に相当する菓子や餅を食べる風習が広まりました。旧暦六月十六日といえば、暑さもいよいよ本格化し病にもかかりやすくなる時期であるため、暑気払いや除災《じよさい》の意味が込められたようです。

十六になぜこだわったかについては不明ですが、仏教用語に「十六羅漢」「十六観」「十六善神」があるように、般若経の分類や守護神の数に十六を使うことと無縁ではないでしょう。

さて、武家の嘉祥の祝いは、豊臣秀吉や徳川家康など歴史上の有名人物によっても行われた記録が残ります。特に、秀吉にまつわる嘉祥のエピソードは、ドラマを見るような感動秘話でしょう。慶長三（一五九八）年六月十六日、秀吉六十三歳の時のことでした。この夜、秀吉は息子の秀頼（当時六歳）を傍らに座らせ、中老、五奉行、近習のみを集めます。官職の順にそれぞれ片木《へぎ》（杉、檜《ひのき》などの材木を薄くはいだ板のこと）に積まれた菓子を頂戴するのですが、秀吉はこの席で、秀頼が十五歳になったら海内《かいだい》の政《まつりごと》を譲りたいこと、秀頼がこのような嘉祥の儀を行うところを見れば、どんなにうれしく思うかなどと語り、自分の余命を思って涙を流します。これを聞いた伺候の人々も心中を察して皆泣いたとのこと（『武徳編年集成《ぶとくへんねんしゅうせい》』四十四）。秀吉が、この二ヵ月後に亡くなってしまうと思うと、父親としての心情が痛いほど伝わってきます。

一方、徳川家康は、慶長十九（一六一四）年六月十六日、駿府城にて嘉祥の儀を盛大に催しています（『徳川実紀』）。当時の家康は将軍の座を秀忠に譲り、大御所として実権を握っていました。同史料によれば、この日、菓子を与えられた大名は「枚挙にいとまあらず」とのことで、儀式の規模も相当だったと想像できます。しかも翌年の大坂の陣で、家康は前述の秀頼を滅ぼしますから、先のエピソードとくらべるに、嘉祥をめぐって明暗がはっきりわかれています。

ところで、肝心の嘉祥菓子ですが、秀吉や家康がどのようなものを使ったかは、残念ながら触れられていません。後年の『嘉定私記《かじょうしき》』（一八〇九）には、幕府御用菓子師大久保主水が納めた嘉祥菓子の図が記録されていますので多少参考にはなるでしょう。内容は、あこや、大饅頭、大鶉焼、羊羹、寄水《よりみず》（白糸餅《しらいともち》とも呼ばれるしん粉餅）、金飩《きんとん》、熨斗繰《のしくり》（あわび？）、煮染麩《にしめふ》など、彩りも地味なものばかり。種類別に、杉の葉を敷いた片木盆《へぎぼん》に盛って大広間に並べたわけですが、その総数は千六百十二膳といいますから、圧巻です。家康の時代に引き続き、幕府がいかにこの行事を重要視していたかがよくわかるというもの。

　ところで宮中の嘉祥の儀については、『御湯殿上日記《おゆどののうえのにっき》』の文明九（一四七七）年に「けふのかつう（嘉通―嘉祥）物へ御いわるあり」などの記述があり、虎屋の貞享四（一六八七）年『諸方菓子御用覚帳《しょかたかしごようおぼえちょう》』ほかにも、嘉祥用に饅頭やきんとんなどを納めた記録があります。江戸時代末期になると、御所から親王摂関家以下諸家へのお祝いとして下賜された、玄米一升六合の嘉祥米《かじょうまい》を「七嘉祥」（七種の菓子）に交換していました。この七種とは、十六の十を一で代表させ、六をたして七としたもので、伊賀《いが》餅《もち》、桔梗餅《ききょうもち》、豊岡《とよおか》の里《さと》、武蔵野《むさしの》、味噌松風《みそまつかぜ》、浅路飴《あさじあめ》、源氏藩《げんじませ》を指します。このように幕府と宮中では内容が違います。また仙台伊達家では鯨餅《くじらもち》、水羊羹、落雁など十六品を使っており（『江戸菓子文様金沢丹後』）、嘉祥菓子の数や種類は統一されていな

幕府の嘉祥菓子

かったようです。

明治時代に入ると、嘉祥の儀は行われなくなりますが、今日再び和菓子の日として蘇ったことは、長い歴史をふりかえってみると意義深いものでしょう。

なお、数字に因む嘉祥菓子に近い行事食として、江戸時代には庚申《こうしん》に供えた七色菓子（七種菓子《ななくさがし》）、有卦《うけ》に因んだ百味菓子《ひゃくみがし》、および有卦の菓子もありました。

七色菓子の内訳は詳らかではありませんが、干菓子、砂糖豆、煎餅などが含まれ、庚申の日には、七色菓子を売る七色売りなる行商人も登場した由。柳亭種彦《りゅうていたねひこ》の随筆『用捨箱《ようしゃばこ》』（一八四一）にも、菓子を台上に並べた七色売りの姿が描かれています。七色菓子は、後に大黒天や天満宮などの神仏にも供えるようになり、『守貞漫稿』によれば「毎月甲子日は大黒天を祭る　三都とも二股大根《ふたまただいこん》を供す　又江戸にては七種菓子とて七種七銭の麁菓《そか》（粗菓）を供す」と見えます。

また、有卦に因んだ百味菓子は、宮中行事の有卦入りや有卦明けの折に用意される菓子のこと。有卦とは、陰陽道による幸運の年回りで、この年回りに当たった人は、吉事が七年続くという故事に倣ってお祝いをします。百味の内訳は、干菓子五十種、棹菓子（羊羹のように棒状にして作る菓子）と数菓子（個数で作る菓子）で四十五種、残りの五種は、鯛、海老、山椒《さんしょう》、はじかみ（しょうが）、梅干などでした（虎屋にはこの百味菓子をいれる五段重ねの百味箱《ひゃくみばこ》が残っています）。

一方、民間の有卦祝いでは、富士山、福助、夫婦、福禄人（寿）、福寿草、福良雀《ふくらすずめ》、二股大根など、「ふ」の字（福に通じる）が頭につく縁起の良いもの七個を打物や有平糖、雲平細工などで作り、一組にして神棚や床の間に飾りました。高級なものは、宝船に見立てた器に盛ったといいますからデコレーションケーキを見るような華やかさ

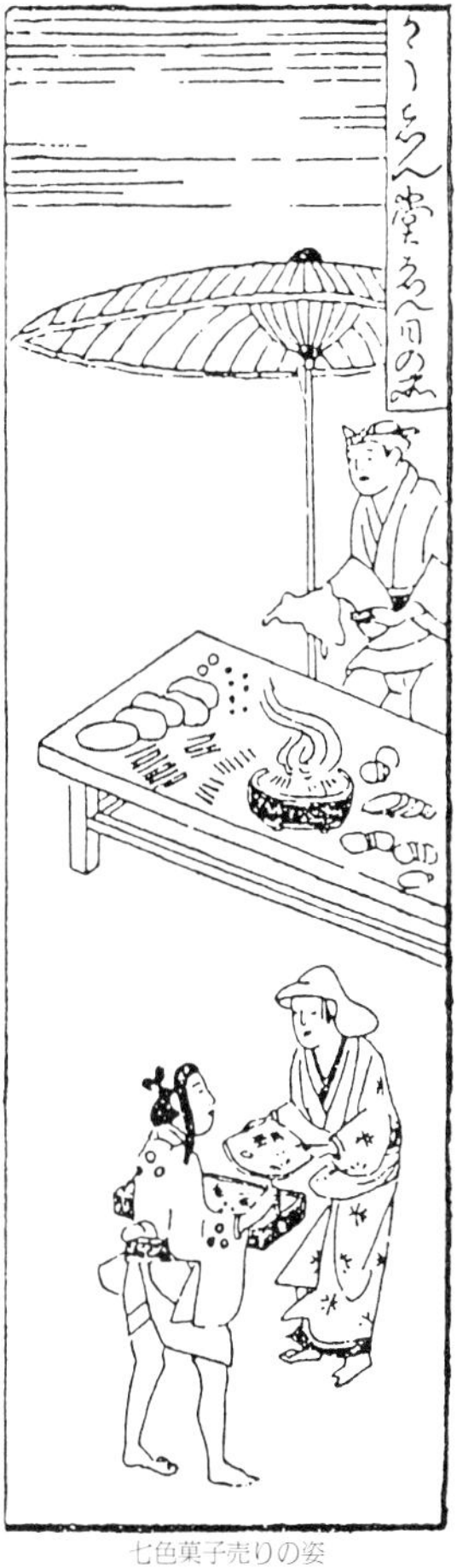

七色菓子売りの姿
用捨箱

百味菓子

です。そのみごとさに、溜め息をつく庶民も少なくなかったでしょう。

明治維新以降、こうした有卦関係の行事もなくなり、数に因んだ菓子も、唯一、復活した嘉祥菓子ぐらいになってしまいました。

葛の意匠——水仙饅頭・水仙粽

水仙は、水中に住む仙人に由来するといわれる清楚な花。新年の頃、満開になるため、新春の瑞兆花としても知られ、正月の生け花にもよく使われます。水仙の意匠の生菓子も一～二月頃作られますが、その一方でおもに夏に食べられる水仙の菓子もあります。水仙饅（頭）、水仙粽がその代表ですが、すでにその意味がわかっている方は、和菓子通。実は、この水仙、花の名ではなく、葛の根から採取した葛粉で作る葛菓子のこと。よって、水仙饅頭は葛饅頭、水仙粽は葛粽の別名になるわけです。

さて、この水仙なる言葉、もともと、葛切《くずきり》を水仙羹と呼んでいたことに因みます。あんみつやところてんほど普及していないため、いま一つなじみが薄いかもしれませ

葛根掘　人倫訓蒙図彙

んが、葛切とは、葛の粉を煮溶かし（砂糖を加えることもあり）、固めた後、麺状に切ったもの。氷を浮かべ、蜜につけて食べる、口当たりのよいデザートです。

もともと葛を使った葛練や葛湯、葛餅は、古くから日本人の食生活に関わりの深い食べものでした。穀物の乏しい山間地方で麦や米の代用になり、病人食や災害時の食用とされましたが、鎌倉〜室町時代に中国に留学した禅僧が羊羹や饅頭などの点心をもたらすと、葛製品はさらに工夫されるようになります。

葛切の前身、「すいせん」もその一つ。南北朝末期成立の『異制庭訓往来《いせいていきんおうらい》』に点心として「水煎《すいせん》」とあるのが初見で、ほかに「水繊」「水蟾」「砕蟾」の字があてられた例があります。この「すいせん」に「水仙」という美しい花の名が使われ、広まっていくのは、江戸時代に入ってからでしょう。

伊勢貞丈の『貞丈雑記』（一七六三〜八四）*には、点心の水繊について、「葛の粉を煉り砂糖を入て薄くひろげて冷して、短冊の如く小さく切りたる物なり。黄と白と二色を交ぜるなり。本は水仙羹なるべし。水仙の花の色なり」とあり、黄白の色合いから、「水仙羹」の呼び名がついたことがわかります。松屋久政《まつやひさまさ》や今井宗久《いまいそうきゅう》などの茶人が存命中の十六世紀後半の戦国時代にも、葛製品の「すいせん」や、「葛もち」がクルミ、松の実などとともに、茶会の菓子として使われた記録が残っています。屑を連想する葛切より語感がよく上品な感じがするためか、現在の料亭の品書きでも「水仙」の名が好まれるようです。

江戸時代には、葛を使う菓子の種類も増えていきます。版本としては日本最初の料理書『料理物語』（一六四三）には、「葛素麺」や「水繊」以外に、葛と砂糖と水をこねて焼いた「葛焼もち」（現在の「葛焼」）、葛と水をねり、砂糖などをかける「葛餅」の製法があります。

また、葛生地で餡を包んだり、葛生地を笹や柏の葉でまくなどの工夫も生まれます。葛の生菓子の魅力は何といっても、葛生地ならではの透明感。見るからに涼しげで、夏の暑さを忘れさせてくれます。餡入りの葛饅頭には、前述したように水仙饅頭の別称がありますが、餡の色や包んだ形から、詩的な名前もついています。たとえば、緑餡なら「水藻《みずも》の花」、紅餡なら「水牡丹」など。ビードロ細工にも似た葛菓子の美しさは、器も選んで涼しげな演出を楽しみたいものです。

ところで、最近、こうした葛の魅力を見込んでか、葛粉が使われてなくても葛の名が乱用されているようで、少々残念です。たとえば、「葛切り」と称して小売りされ

葛菓子　水仙巌の花

るパックの菓子や鍋物用の乾物は、馬鈴薯澱粉を主原料にしており、葛粉はあまり使われていません。甘味処で食べる葛切も、時間の経過によって白濁するものは葛製品ですが、いつまでも透明感が残るものは、葛以外の澱粉が使われています。また、葛餅は古来、街道筋や寺社門前の茶店で人気を集めた菓子ですが、いつの頃か、小麦粉澱粉で作られるようになり、今では「くず餅」の表記が一般的です。

現在、葛粉は、吉野葛で有名な奈良県吉野ばかりでなく、福岡県、鹿児島県でも生産されていますが、生産量が限られ、値段が高くなっていることが、代用品を使う原因でしょう。吉野の場合、純粋な葛粉は「本葛」として、混ざりものの葛と区別しているほどです。同様のことは、蕨《わらび》の地下茎から取る蕨粉にもいえ、蕨餅の名を冠しても実際には、甘藷《かんしょ》（さつま芋）澱粉を使っていることが多いものです。本物の蕨や葛を味わう機会が少なくなってしまいました。

こうした紛らわしい名称には、消費者から苦情が出そうですが、「狸うどん」や「きつねそば」「鴨南蛮」のことを考えれば、変に目くじらをたててもしかたがないのかもしれません。

＊ 天保十四（一八四三）年刊行だが、宝暦十三（一七六三）年から没年の天明四（一七八四）年までの筆録。

母多餅と萩の花

うるち米や糯米《もちごめ》を芯にして、小豆餡や黄な粉をつけた食べものは、ぼた餅やおはぎの名で誰もが知るところ。ふだん何気なく使っている食品名ですが、ぼた餅とおはぎはどう違うのでしょう？

①春には牡丹に見立ててぼた餅、秋には萩の花に見立てておはぎ

②芯が糯米主体であればぼた餅、うるち米主体であればおはぎ

③表面の餡が漉《こ》し餡《あん》ならぼた餅、小倉餡《おぐらあん》ならおはぎ

など答えは諸説様々。地域によって使いわけも見られますが、歴史を遡れば、何と両者は同じもの。江戸時代の『本朝食鑑《ほんちょうしょっかん（しょくかがみ）》』（巻二）（一六九七）にも「母多餅―一名萩

おはぎ

の花」とあるように、もともと違いはありませんでした。しかし、くらべてみればおはぎの前身、萩の花の方が上品な女房詞《にょうぼうことば》。「棚からぼた餅」という言葉が残るように、ぼた餅の方が、庶民の生活感がにじみ出ています。もっとも江戸時代には、顔が丸く大きい不器量な女性をぼた餅と呼んだといいますから、失礼な話です。農家が藁屑まじりの籾を「ボタ」と呼び、ぼた餅を不良餅、粗悪餅の意とする語源説とも関連しているのでしょう。ぼた餅に黄な粉や餡をつけるのも、屑米や炒り米の粗い地肌を隠すためともいわれますが、華麗な牡丹の花ならいざ知らず、下等扱いされてはたまりません。

　ぼた餅とぬかしたと下女いきどおり（柳多留五５）

と川柳にあるように、失言すると後がこわいことになりそうです。

　また、ぼた餅そしておはぎには、夜舟《よぶね》、北窓《きたまど》、隣知らずという別名があります。これは、米を搗かないで練りつぶして作るため、隣家では、いつ作っているかわからないことに因むもの。つまり、夜舟は「着き知らず」、北窓は「月知らず」にかけているというわけ。何やら判じ絵に似ていますが、このほか、関西及び加賀の方ではかい餅、秋田ではなべすり餅という言い方も伝わっています（かいもちは、粥餅、あるいは搔練《かいね》り餅の略で、米粉、粟粉、糯米の粉を水で搔きこね、煮て餅状にしたものを指す場合もあります）。

こうした様々な別称は、おはぎ（ぼた餅）がそれだけ家庭で気軽に作れ、庶民に親しまれる食物であったことの証拠でしょう。江戸時代には、お彼岸ほか、四十九日の忌明《きあ》けや十月の亥の日に配ったり、食べる風習がありました。

ぼた餅をいさぎよく喰ふ嫁の里（柳多留二21）

ぼた餅を笑て喰てしかられる（川柳評万句合）

のように、嫁いびりをした姑の忌明けには、嫁がぼた餅を平らげたり、笑って食べたという具合。

おはぎが忌明けやお彼岸となぜこのように結びついたかはよくわかっていませんが、先祖の供養として食物を供える風習に、おはぎの人気や手軽さが加わったとも考えられそうです。また、小豆が邪気を避けるという昔ながらの信仰も絡んでいるのでしょう。

『南総里見八犬伝《なんそうさとみはっけんでん》』で知られる戯作者、滝沢馬琴の日記にも「彼岸中日ニ付、志之牡丹餅手製のよしにて一重持参」（天保二〈一八三一〉年八月十九日）とあるように、お彼岸には、家庭でぼた餅を作る風習がありましたが、その一方で、ヒット商品になったぼた餅もありました。文政年間（一八一八～三〇）頃に麹町三丁目で松坂屋おてつが売り出した小豆餡、黄な粉、胡麻餡の「三色ぼたん餅」がそれで、特に胡麻餡の人気が高かったとか。同じ町内には、名物の助惣焼《すけそうやき》（ふのやきに餡を包んだ菓子・一九二頁参照）もあり、「助惣とお鉄、近所でうまい仲」（柳多留七九34）と詠まれるほど評判でした。

また、随筆『聞《きき》のまにまに』によると安政元（一八五四）年には、ぼた餅を食べると、炎暑に当たらないという流言が広まり、ぼた餅人気は頂点に達します。「家々これを調し喰ふがゆゑに搗米屋餅白米を切らし、粉屋豆の粉を切らせり。この故にたまたま牡丹餅あきなふ家へも、買人頻りにこぞり来りて甚だ混雑せり、近頃かやうの事ども折りにふれ流行す、笑に堪たる事共也」と記述されていますが、この爆発的な人気はいささか異常な珍事件*。一八五四年といえば、浦賀にペリーが来航した翌年。開国の動乱期にあって、人々も煽動されやすかったのでしょうか。

現在では、そうした異常な人気とは縁遠いものの、お彼岸には、小豆餡、胡麻餡、黄な粉、青海苔風味など、様々なおはぎが店頭に並びます。もちろん、年間を通して

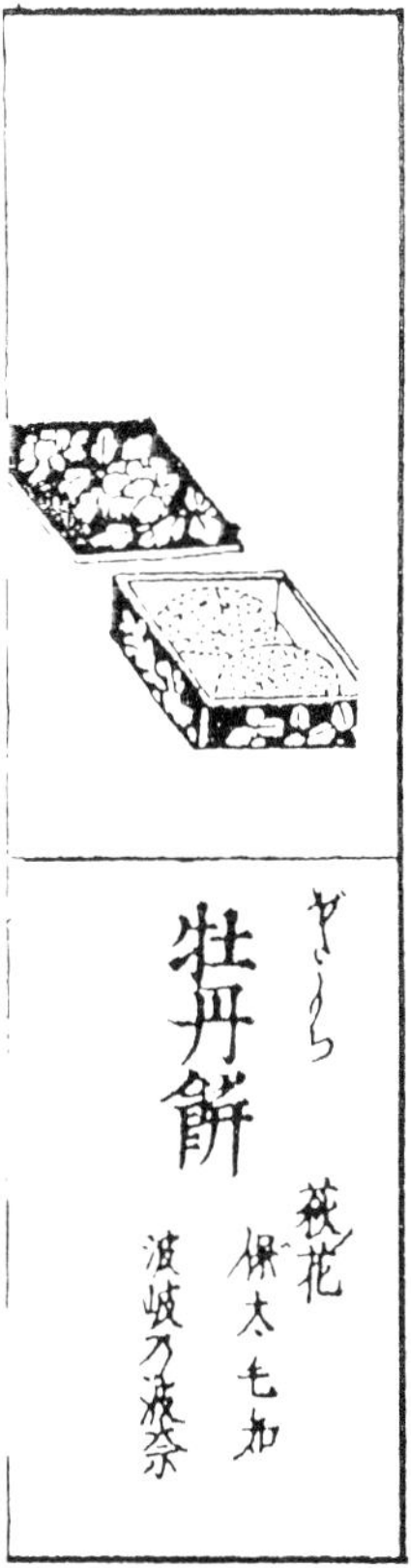

牡丹餅
和漢三才図会

三色ぼたん餅の商標

おはぎを置いている和菓子屋もありますので、ご安心を。中には、ジャンボおはぎなど、甘党が喜びそうな特大サイズもあります。飾り気のない素朴なおはぎには、どこか郷愁が感じられるのでは？　おはぎを囲んでの家族団らんはいつまでも大切にしたいものです。

＊『藤岡屋《ふじおかや》日記《にっき》』安政元（一八五四）年七月の条にもぼた餅の流言について皮肉めいた記述があります。著者の藤岡屋由蔵曰く、
「……当時の智謀、正直ニ拵へて喰ふ馬鹿が多き故仕合也、然し唐がらしを喰への、塩をなめろといわれたらとても出来まへが先ハぼた餅で仕合〳〵。……」

塩や唐がらしではなくぼた餅の流行で一件落着となればまずはめでたしです。

雲羹・鼈羹のゆくえ

饅頭と並んで羊羹は和菓子の人気物。日本人なら誰もが一度は食べたことがあると思いますが、どうして羊の羹《あつもの》と書いて、菓子の名前になるのでしょう。羊の肉を使ってもいないのに謎めいています。

もともと羊羹は「羊肉を具としたとろみのある汁物」の意で、中国の紀元前の文献に見えるほど歴史ある料理名でした。司馬遷《しばせん》の『史記《しき》』(宋世家)には、宋の将軍であった華元《かげん》が将士に羊羹をふるまったところ、御者に行き渡らなかったため、恨みを買い、敵陣に連れ込まれて捕虜になってしまう逸話があります。羊羹はそれだけ贅沢なもてなし料理だったのでしょう。

羊羹

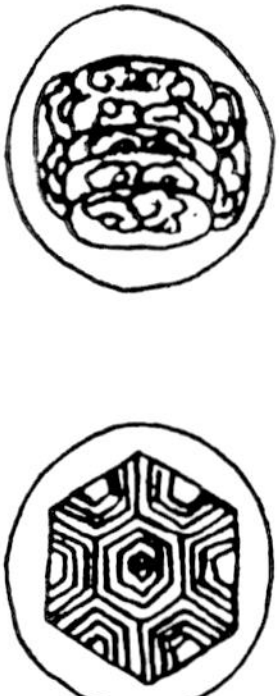
雲羹（上）と鼈羹
『點心喰様』より写し

日本に羊羹が伝わるのは、鎌倉～室町時代のこと。中国に留学した禅僧が伝えた点心（食事と食事の間に食べる小食）の中に、羊羹などの羹類や饅頭などの麺類（小麦粉食品）が含まれていました。これら点心の名称や種類は、室町時代成立の『往来物《おうらいもの》』（日常生活に必要な知識を教える教科書）に記されていますが、羊羹以外に鼈羹《べっかん》、白魚羹《はくぎょかん》、竹葉羹《ちくようかん》、驢腸羹《ろちょうかん》、寸金羹《すんきんかん》など不可解な羹名もあるので驚きです。味わってみたいところですが、当時の製法は残念ながら不明。永正元（一五〇四）年の奥書がある『食物服用《しょくもつふくよう》之巻《のまき》』に、「一　鼈羹はあし。手。尾。くびをのこし。こうよりくふ也。一　猪羹はくびよりくふ也」と食べ方が見えることから、羹は動物肉を使った汁物ではなく、動物の形を見立てた食物であったと解釈されます（奥書については後世の補筆説もあります）。

また、室町時代に武家礼法を確立した小笠原家に伝わる礼法書にも羹類の記述が見られます。天正二十（一五九二）年に伝授された、現存では最古とされる『小笠原礼書』中の『通之《かよいの》次第《しだい》』には、仏事や法事の時に出す料理形式の一羹一麵、二羹二麵、三羹三麵に、それぞれ羹として、羊羹、羊羹と雲羹、羊羹と雲羹と鼈羹を使う旨が記されています。これら羹類は、豆粉や小麦粉、葛粉などを混ぜ、蒸し固めた食物で、鼈羹は亀、雲羹は雲、羊羹は羊を表わしたことが小笠原流関係の写本ほか、江戸時代後期の『貞丈雑記』や『安斎随筆』からうかがえます。

禅僧は肉食を禁じられていたため、動物肉の汁物であった羹類を、植物性の材料に置きかえて作ったのでしょう。つまり、中国でいう素菜《スウツアイ》料理こと精進料理で作る見立て料理の一種です。また、羊羹の場合は、小豆や小麦粉、葛粉を混ぜて蒸し固めた食物の色や形が羊の羹のそれに似ていたことが考えられるでしょう。

問題はこの羊羹が日本人の発明か、中国人の発明かあいまいなところ。というのも羊羹の見立て料理が中国で作られていたという証拠が見つかっていないのです。*

一方、日本の禅僧が中国で羊羹を食べた資料として、『策彦入明記《さくげんにゅうみんき》』があります。これは、戦国大名、大内義隆派遣の対明貿易使節の副使となった僧策彦の日記で、「羊羹・羹了晩羹」（天文八〈一五三九〉年の条）ほか、中国滞在中に羊羹をふるまわれた記録が残っています。記述の羊羹がどのような食べものかわかりませんが、禅僧が中国で行脚の途中、羊羹を見たり、食べる機会は十分あったと推測できます（肉食を禁じられたとはいえ、もてなしや施しの場合は口にすることがあったと考えられるため）。

点心として伝えられた羊羹は、その後、足利将軍や織田信長、豊臣秀吉、徳川家康などが饗宴を催す折に、献立の一品として使われ、知名度はあがる一方。法事や仏事の料理としても重要視されたほか、茶会の菓子としても使われるようになります（『松屋久政茶会記』ほか、茶会記参考）。

当時の羊羹は、現在の蒸羊羹に近いと考えられますが、意外なことに、食べる時は汁がつきものでした。十六世紀成立の『伊勢兵庫頭貞宗記《いせひょうごのかみさだむねのき》』にも「羊羹喰様《ようかんくいよう》のこと」として、「箸にてわり候て喰申候。汁をも吸申候」と出ています。本来羹がもつ汁物の意をまだとどめている段階なのでしょう。また、饗応の次第を記した「御成記」類には、羊羹に梨子や刺身が添えものとしてついた記録があります。現在では信じられない取り合わせですが、砂糖が貴重な輸入品であった時代、羊羹は必ずしも甘くなく、胡麻豆腐のように料理の一品としてとらえられていたのでしょう。それにしても、小笠原流礼法書の雲羹、鼈羹、『日葡辞書《にっぽじしょ》』**（一六〇三）にある猪羹など、十六〜十七世紀まで伝えられた羊羹以外の羹類は、なぜ、いつのまにか日本人の食生活から消えてしまったのでしょう。

寒天の発見後、十八世紀末には煉羊羹が工夫され（七三頁参照）、全国各地に広まりますが、前述した数多くの羹類の中でどうして羊羹の名だけが現在に至るまで残り、日本を代表する菓子になったのか疑問が残ります。*** 羊羹は小豆を主材料とする食物であったため、一番作りやすく、日本人の嗜好にあっていたのでしょうか。また、美味、善を表わす羊の意味が尊重されたのでしょうか。この謎はなかなか解き明かされそうにありません。

＊ 清代の食通、袁枚《えんばい》（一七一六〜九七）が著した料理の覚書『随園食単《ずいえんしょくたん》』（青木正児訳）には、羊羹について「煮熟した羊肉をさいころの大きさに切り、鶏の出し汁で煮て、竹の子と椎茸と山芋の細切りを加えて一緒に煮込む」とあります。このように羊肉の汁物としての製法は残っていますが、見立て料理の羊羹については、今のところ資料がありません。
＊＊『日葡辞書』（Vocabvlario da Lingoa de Iapam）はポルトガル宣教師の日本語習得のため、日本イエズス会により慶長八（一六〇三）年、長崎で刊行された辞書です。イエズス会式ローマ字綴りの日本語に続き、ポルトガル語の説明がつきますが、日本語訳の完成によりポルトガル人が見た十六〜十七世紀の日本の生活を知る貴重な資料になっていま

す。

同書には、次のような羹名と意味が出ています（『邦訳日葡辞書』より）。

Can　カン　羹　豆や小麦と粗糖または砂糖とで作る、日本の甘い菓子の一種。

Chocan　チョカン　猪羹　豆や砂糖などで作られるある甘い食物。*Sarapatel* に類するシナのある料理に似せて作ったもの（*Sarapatel*　豚や羊の臓物や血などで料理したポルトガルのシチューの一種）。

Beccan　ベッカン　鼈羹　豆その他の物で作られる、ある甘い食物。

Satŏyŏcan　サタゥヤゥカン　砂糖羊羹　豆と砂糖とで作る、甘い板菓子（羊羹）の一種。

Yŏcan　ヤゥカン　羊羹　豆に粗糖をまぜて、こねたもので作った食物。

＊＊＊中国の『玉燭宝典《ぎょくしょくほうてん》』（六世紀末成立）や『金門歳節記《きんもんさいせつき》』（九世紀前半成立）に見える羊肝餅（羊の肝に似た形の小麦粉食品と推定）を羊羹の原形とする説が、『和漢三才図会』などの江戸時代の版本に記されています。しかし、典拠となる中国の史料は、どちらも逸文（引用文）のかたちで伝わっており、原文は確かめられません。また、羊肝餅もどのような食物なのか、そして今なお作られているのかどうかはわかっていません。

なお、中村孝也著『和菓子の系譜』では、羊肝餅の典拠として『荊楚歳時記』をあげていますが、指摘の箇所に羊肝餅の記述はありません。この羊羹と羊肝餅については、虎屋文庫専門職課長青木直己氏の研究に負うところが多く、「羊肝餅と羊羹―日中食物交流史の一コマ―」（『立正大学東洋史論集』五号、一九九一年）で詳しく論じられています。

豆沙糕は幻の味

点心として伝わり、今やすっかり日本の代表的な菓子になった羊羹ですが、本家の中国でも現在、日本の羊羹同様の菓子が作られています。その名も日本と同じ羊羹でヤンケンと発音するもの。中国語の意味からいえば、羊のあつもの（とろみのある汁物）になりますが、日本から伝わった食品名として、羊羹の名称がそのまま使われているようです。いわば羊羹の逆輸入です。

ところで、この羊羹が作られる前に、羊羹に相当する別名の菓子が中国にあったと推測されます。中国の明代末期の遺臣で日本に帰化した朱舜水《しゅしゅんすい》（一六〇〇〜八二）が、水戸藩主を中国式に饗応するときの献立の一つとした豆沙糕が問題の品（『舜水朱子談

点心の図より
新編異国料理

綺』)。「豆沙糕に「ヤウカン」のふりがなついていることから、羊羹イコール豆沙糕と考えられるわけで、中国文学研究者の青木正児氏も、『随園食単』の訳註で、羊羹を「中国で豆沙糕と称するものに当たる」としています。

さて、そうなると気になるのが、豆沙糕の正体です。本当に羊羹の色、形、製法と一致するのでしょうか。

そもそも豆沙とは、小豆などの豆の餡の意で、糕とは、米粉などの穀粉を用いた塊状の食品の総称。字義どおり考えればこの二語で、羊羹のような小豆菓子をイメージできないこともありません。

実際、中国清代の風俗などを記した『清稗類抄《しんぴるいしょう》』には豆沙糕の製法があり、要約すると「小豆を煮て皮を漉して取る。白砂糖と氷砂糖と洋粉(寒天)を水に混ぜて煮立てる。時間を置いて、餡と水を加えて力をこめて混ぜる。そして、再び煮る。火を止めて四角い器に盛って、一夜を経ると固まって糕になる」というもの。この記述では、寒天を使った煉羊羹に近いと考えられます。

また、日本で刊行された『卓子式《たくししき》』(しっぽくしき)(一七八四)にも同様の製法が記されています。

『卓子式』は、長崎に遊学し、中国風を好んだ人物、田中信平（生没年不詳）による中国料理の紹介書で「豆砂糕《ようかん》（ママ）」の製法については、「小豆一升　砂糖二〇〇匁　葛粉一合　粳米《うるち》一合」として「夏はかんてん半本　かんてん水少入煮とかし、砂糖蜜に合せこしあんに合せ鍋に入《いれ》ねる　火気よく通り水気へりたる時せいろうに入さっとむしふたをとり冷ます」とあります。

さてここで注目したいのが、夏のみとはいえ、一七八四年に寒天を使っていること。というのも、この年は、寒天を使った煉羊羹が、江戸で工夫され*、広まる寛政年間（一七八九〜一八〇一）の少し前になるからです。

煉羊羹の誕生について、『嬉遊笑覧』（一八三〇序）には「寛政の頃、紅粉や志津磨**が始めて製す」とあり、『北越雪譜《ほくえつせっぷ》』（一八四二）と『蜘蛛《くも》の糸巻《いとまき》』（一八四六頃）では、寛政の初めに作られた喜太郎羊羹が最初としています。従来の蒸羊羹にくらべ、寒天を入れて煉り込んだ煉羊羹は、美味で日保ちもよく、画期的な発明だったわけですが、江戸で煉羊羹がヒットする少し前に『卓子式』が刊行されていることを考えると、もしや煉羊羹のヒントは、この『卓子式』の「豆砂糕」にあったのでは？　などと想像したくなってしまいます。

それでは、豆沙糕と日本の蒸羊羹や煉羊羹にはどのようなつながりがあるのでしょうか。本場中国の豆沙糕がいつ頃からあるのかわかりませんが、日本の羊羹とは別に、中国の風土で独自に作られるようになったとも考えられるでしょう。もともと中国では豆沙や糕のつく食品名は多く、「馬蹄糕」（くわい入り蒸羊羹）、山査糕（さんざしの果汁を煮つめたゼリー状のもの）など羊羹に近い菓子もあります。また、年糕《ニイエンガオ》と書けば、糯米の粉で作る団子状のもので、春節（旧正月）の祝事に作られます（この場合、粉をこねて作るため、焼いても日本の餅のようにふくらみません）。このほか、緑豆を使った緑豆糕、桂花（キンモクセイ）で香りをつけた桂花糕、カステラを意味する鶏蛋糕などもあります。

また豆沙については、豆沙包子があんまんのことで、中華料理店のメニューでおなじみでしょう。日本の小豆餡と違い、餡に胡麻油などが入っているため、こってりした味わいがあります。

さて、この豆沙と糕を組み合わせた豆沙糕を、日本でも食べられるかといいますと、見つけることすら難しそう。謎の豆沙糕を求めて、横浜の中華街を歩きまわり、店の人にも聞いてみましたが、作っているところはまったくなし。また、中国の料理書を

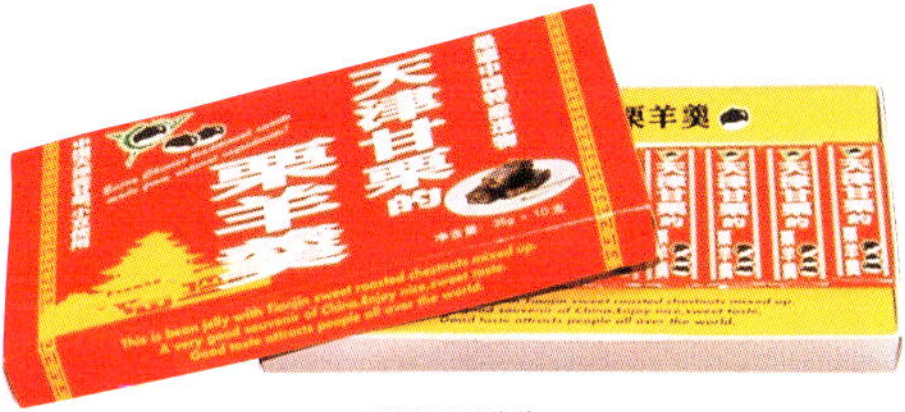

天津甘栗羊羹
中国の空港で販売されている
日本人の観光客向け羊羹

韓国の煉羊羹

見たり、中国料理の先生方にも聞いてみましたが、現在の豆沙糕を説明する資料は見つかりませんでした。が、あきらめていたところ、知人の取り寄せた台湾発行の雑誌『漢聲』の米食特集号（一九八四）に、豆沙糕を発見。思いがけない喜びでしたが、掲載写真の豆沙糕は、外郎《ういろう》のような白い生地を四角くして、中に餡をいれたようなもの。羊羹のように、生地に小豆を使っていません。この場合は、豆沙入りの糕、つまり、餡の入った蒸し餅の意味で名前がついたのでしょう。長い時の流れとともに、豆沙糕にも変化があったのかもしれませんが、中国人に豆沙糕について聞いてみると、今でも、地方によっては小豆の蒸菓子らしきものが作られているとのこと（上海あたりにあるとも聞きました）。豆沙糕の調査は今も継続中。いつか中国を訪ね、ぜひ味わってみたいと思います。

＊ 京都伏見創業の駿河屋（当初は鶴屋。後に紀州家御用菓子司となったことから、和歌山と伏見に総本家を置いている）には、慶長四（一五九九）年、テングサによる煉羊羹を試作したという伝承があります。

＊＊ 紅粉や志津磨（紅谷志津摩）は本町（日本橋の町名）、喜太郎（店主の名？）は日本

橋に店を構えたとあり、両者は同一の店とも考えられます。

錦玉の魔法──寒天

小豆や砂糖のように、特有の形や色、味がないだけに、寒天は存在感の薄いもの。しかし、軽く見てはいけません。ほかの素材に良く溶け込み、凝固して日保ちをよくしたり、透明感ある地肌で、涼しさを演出したり、寒天は和菓子の世界を豊かにする陰の功労者なのです。

寒天を使った生菓子は葛菓子同様、主として夏に作られるもの。寒天と砂糖を溶かして煮詰め、型に流して作りますが、琥珀（くちなしの実で染めると琥珀色に近いため）、錦玉《きんぎょく》などという風流な別称もあります。このような寒天を使った流しものの中に、水藻や金魚形の餡物や羊羹をいれれば、金魚鉢のような空間となり、小石や鮎形

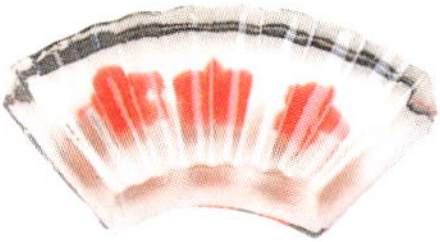

琥珀製の菓子　花扇（江戸時代）

ならば清流や川底のイメージが演出できます。寒天ならではの魅力が発揮されるわけですが、これ以上に寒天が和菓子の世界で実力を誇るのは、蒸羊羹から煉羊羹を生み出した功績でしょう。小麦粉や葛粉、餡を混ぜ合わせ、蒸す蒸羊羹に対し、煉羊羹は餡に煮溶かした寒天をいれて煉り上げ、寒天の凝固力で固めるもの。寒天を使うことで、生地にきめ細かさや腰のある風味が生まれるわけですから、まさに魔法を見るようです。

さて、この寒天の誕生について、おもしろいエピソードが残っています。江戸時代初期にあたる万治年間（一六五八〜六一）の冬、薩摩藩十九代藩主、島津光久侯が参勤交代の途中、山城国伏見（現在の京都市伏見）に宿をとった時のこと、宿屋の主人、美濃屋太郎左衛門《みのやたろうざえもん》が、夕食のところてん（心太）料理のあまりを戸外に放置しておいたところ、数日後、それが乾燥しているのに気づきます。夜の寒気と昼の日ざしで凍結と解凍をくり返した結果であり、これが寒天の始まりとされます。* テングサなどの海草を煮詰めて作るところてんは、「こるもは」「こころふと」などの名称で、平安時代の文献に見えるほど歴史ある食品。寒天はこのところてんの変化により、偶然、発見されたといえるでしょう。

後に寒天の名をつけたのが、日本黄檗宗《おうばくしゅう》の祖、隠元禅師《いんげんぜんじ》（一五九二〜一六七三）で、寒晒《かんざら》しのところてんを略して、寒天と呼ぶようになったと伝わります。隠元禅師は、隠元豆をもたらした人物としても知られますが、寒天命名の際は、「仏家の食用とし て清浄これにまさるものなし」といったとか。

さて、現在、寒天は長野、京都、岐阜を中心に各地で作られていますが、その名称が示すとおり、土地条件としては朝晩の冷え込みの激しい山地が理想的。製造時期も十二〜二月もしくは三月初めまでの厳寒期になります。製菓材料として使う糸寒天の製造工程は、

①原料のテングサを洗い、一晩水につけ、アク抜きをする

②大釜で煮る（硫酸などを入れ、抽出をよくする）

③一晩、釜の中でそのままにして蒸し置き、翌朝濾過する（そのカスを二番釜にて同様にくり返す）

④濾過した寒天液を木枠に流し、冷やして固め、切る

⑤ところてん状に突き、凍らせ、天日に干し、凍らせ、乾かしの工程を約二週間くり返す

寒天製造風景

⑥梱包する

になります。

形が角棒状であれば角寒天《かくかんてん》と呼ばれますが、糸寒天の方が手間がかかり、品質を保つのが難しい由。それにしても、海の産物が奥深い山地で、寒天に変身してしまうのですから、自然の循環摂理を見るような不思議な製法です。このように冬の寒い時期に自然現象を利用して作る寒天は、天然寒天と呼ばれるのに対し、粉寒天、固形寒天などは、機械による圧搾や凍結、乾燥の工程から製造されるため、工業寒天と呼ばれます。

天候の変化に影響されることなく、安定した品質を保てる利点があるため、工業寒

琥珀製の菓子　天の川

天は、近年、注目の的。天然寒天と同等の粘性をどうつけるか、食品以外の利用はできないかなど、研究開発が進んでいます。その領域は医療、生物学に及んでいるのですから寒天の秘めたる底力を見る思いです。たとえば、寒天の熱可逆性を利用して歯科《しか》印象材《いんしょうざい》（歯科で歯型をとる材料）の素材に、また耐酸性や耐熱性の特質をいかして時間コントロールのできる薬のカプセルに使われます。加えてバイオテクノロジーの分野では、細菌及び植物組織の培地などに活用されるほか、寒天をとったあとの海藻のカスが堆肥として有効利用されますから、まさに八面六臂の大活躍。可能性を秘めた寒天の未来に今後ますます期待が高まりそうです。

＊少々でき過ぎの感あるこの寒天発見話の年号については諸説あり、真相は謎に包まれています。和菓子関係の本の多くは万治年間説を引用していますが、明治から大正の水産会や農商務省の報告書に見られる寒天発見の年号には、正保四（一六四七）年、明暦年間（一六五五〜五八）、万治元（一六五八）年などもあります。史実ではなく、語り伝えられた逸話だけに年代も定かではないのでしょう。

この年代について二十年以上も前に、駒沢女子短期大学の尾崎直臣氏がそれぞれの年の薩摩藩主の旅行記録を調査して、伏見を通過した時期を推定し、その時期がところてんの凍結がおこるような気象条件にあったかどうか検討されています（『風俗』一九七七年No.52）。

結果として明暦年間では元年の三月末ないし四月下旬、三年の十一月末ないし一月初めに伏見を通過していると思われることから可能性があるとし（特に三年は可能性大）、正保四年、万治二年及び四年も多少の可能性があるとされています。

逸話に基づいて考察されたこの論文だけで、明暦年間寒天発見説を決定づけるには無理があるかもしれませんが、とかく伝承がつきものの菓子の歴史に、一石を投じる調査研究方法として、興味を覚えます。今後、和菓子の歴史を研究していく上では、このように数値に残る記録などとあわせて、多面的にとらえていく必要があるでしょう。

なお、文中の明暦年間説は桂香亮「凍膓脂《ところてん》の説」（『大日本水産会報告』十六号、一八八三年）によるもので、明暦年間に寒天が偶然発見され、万治年間に隠元禅師が寒天と命名したとあります。

また、万治元年説として、河原田盛美著・水産局編『清国輸出日本水産図説』（農商務省、一八八六年）所載の「寒天」の項があげられています。

謎の十字と饅頭秘話

十字と聞けば連想するものは、十字架でしょうか。西洋的イメージの強い十字と中国起源の饅頭との結びつき……。オカルトめいているかもしれませんが、実はこの十字、饅頭の親戚ともいえそうな食べものなのです。

十字の名前が見えるのは、鎌倉幕府の歴史書『吾妻鏡《あずまかがみ》』。征夷大将軍として武家政権を打ち立てた源頼朝は、建久四（一一九三）年五月に富士山麓で巻狩りをします。この折の五月十六日、長男の頼家が初めて鹿を射った祝いとして、将士に十字を与えたとか。

十字は、中国唐代成立の史書『晋書《しんじょ》』(何曾伝)に「蒸餅上不拆作十字不食《じょうへいのうえさいてじゅうじをつくらざるものはしょくせず》」

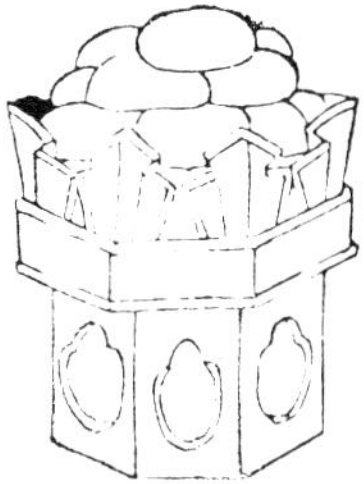

饅頭
和漢三才図会

と見えるもので、蒸餅（蒸した小麦粉製品）つまり、饅頭に近い食物に十字の切れ目をいれたものと解釈されます。十文字にさく理由として、食べやすくするため、あるいは災いを避けるためともいわれますが、饅頭の出現以後、さほど広まらず、自然消滅したようです。

さて、饅頭は羊羹同様、鎌倉～室町時代に中国に留学した禅僧が伝えた点心の一つですが、この伝来については二説が伝わっています。

一つは聖一国師《しよういちこくし》（円爾弁円《えんにべんえん》・一二〇二～八〇）による酒饅頭《さかまんじゆう》伝来説。仁治二（一二四一）年、宋より帰国して博多に承天禅寺《しようてんぜんじ》を建立した聖一国師が、布教の途中、茶店の主人、栗波吉右衛門に酒麴で作る酒饅頭の製法を伝授したというもの。この時、聖一国師が揮毫《きごう》し、吉右衛門に与えたという「御饅頭所」の看板が、福岡県の記念館を経た後、現在、縁あって虎屋に保管されています。地元の博多では、聖一国師を饅頭を伝えた祖としていますが、裏付けの文献資料が乏しく、詳細はわかりません（聖一国師が開山した京都東福寺には「水磨の図」〈『大宋諸山図』所載〉があり、国師が小麦の製粉技術を伝えた資料とされます）。

二つめは、林浄因《りんじよういん》によるふくらし粉*を使った薬饅頭伝来説。林浄因は、建仁寺の

御饅頭所の看板

二世となった竜山禅師とともに暦応四（一三四一）年、来朝した僧で、奈良の塩瀬で饅頭を作り始め、塩瀬饅頭として広めたというもの。何やら邪馬台国近畿説VS九州説に匹敵するような饅頭伝来説の謎ですが、これに関して意外に見落とされている文献が、道元（一二〇〇〜五三）の『正法眼蔵《しょうぼうげんぞう》』です。

道元は曹洞宗を開いた禅僧で、福井県に永平寺を創建したことで知られます。『正法眼蔵』は、道元が興聖寺、永平寺などで行った説法を集録したもので、座禅、修行の本旨を説いた教本。弟子に向け、衣食住での戒めが記されますが、仁治二（一二四一）年の「看経《かんきん》」には経を読む次第として「齋前に點心をおこなふ。あるいは麵一椀、羹一杯を毎僧に行ず。あるいは饅頭六七箇、羹一分、毎僧に行ずるなり、饅頭これも椀にもれり、はしをそへたり、かひをそへず」と、饅頭を點心（点心）に使った記述が見えます。

このように聖一国師や林浄因来朝以前から、饅頭は日本でも作られていたのでしょう。といっても当時の饅頭は、汁をかけて食べる料理の一品であり、その中身は、今のような甘い小豆餡ではなく、砂糖をいれたり、野菜や木の実を具にした餡と考えられます。室町時代後期の『七十一番職人歌合』（一五〇〇頃）の饅頭売りの絵に、「さ

七十一番職人歌合・饅頭売

たうまんぢゅう、さいまんぢゅういづれもよくむして候」とあるように、砂糖の入った饅頭と野菜の入った饅頭が作られていたのでしょう（砂糖饅頭については、室町時代初期に成立した『庭訓往来』の点心の項にも砂糖羊羹と並んで名前が見えます）。

それでは甘い小豆餡が作られるようになったのは、いつ頃なのでしょうか。日本語をポルトガル語に訳した『日葡辞書』のMangiŭも「小麦の小さなパンであって湯の蒸気で蒸したもの」の意があるだけで、中身がはっきりしません。同書には、Satŏmangiŭについて「湯の蒸気で蒸したある種の小さなパンで、砂糖を加えて作ったもの」の解説も見えるので、当時はまだ饅頭と砂糖入り饅頭の区別があったと考えられます。が、同時にAnmochiの説明に「豆をつぶしたものに粗糖を加えて、あるいは粗糖なしで

（餡として）中にいれた米の小餅」とあるほか、Azzuqimochiとして、「米で作った小さな餅に、碾いた豆をつけたもの」とあり、小豆餡に近いものが存在したことは確かです。小豆餡入りの饅頭も江戸時代の初めあたりから工夫されたと考えられるでしょう。

江戸時代初期編纂の笑話集『醒睡笑《せいすいしょう》』**の第七「舞」にも、次のような一節があります。

……饅頭を菓子に出してあれば「これは、小豆ばかり入りて位高し。われ等ごとき者の賜はるは、ありがたき」とていただく。また「砂糖饅頭は近来の出来物、なにの系図もなし。世のつねの者はうまさのまま、奔走に思ふ（ご馳走と思う）」といひてくすみたり。……

つまりこの頃、ようやく庶民の間にも、甘い小豆餡入りの饅頭が、高級品扱いで出始めたというわけです。砂糖が高価な輸入品であったことを思うと当然かもしれません。

さて時は流れ、交通網の発達、商業経済の発展を迎える江戸時代中期以降になると、砂糖の流通量も増大し、甘い小豆餡入り饅頭は、全国各地に伝わり、庶民の菓子として定着します。『東海道中膝栗毛《とうかいどうちゅうひざくりげ》』には、弥次さん喜多（北）さんが茶店に寄っては饅頭を食べ一休みする姿や、饅頭の食べ競べの模様が生き生きと描かれています。また落語でも饅頭好きの男が饅頭こわいと嘘をつき、仲間がこわがらせようと思って用意した饅頭をたらふく食べてしまう話が有名。由来は堅苦しくても、その味わいは、すっかり庶民に親しまれるところ。こうして今に至る根強い饅頭人気が浸透しました。

＊　当時のふくらし粉についての詳細は不明で、自然発酵によってできた饅頭では、という解釈や、山薬（山芋）を使ったことに由来するのでは、という説があります。

＊＊　著者安楽庵策伝《あんらくあんさくでん》が幼い時より書き留めていた笑い話を、元和九（一六二三）年、七十歳の時にまとめ始め、寛永年間に完成させたもの。従って内容は江戸時代以前にも遡れます。

この箇所は小豆餡入り饅頭の登場を知る上で興味深いものですが、当時の砂糖饅頭は、「砂糖だけを入れた饅頭」ではなく、「小豆などの野菜餡に砂糖を入れた饅頭」を意味したのでは？　との疑問もわいてきます。

外郎由来ばなし

太郎、次郎といえば人の名前。では外郎《ういろう》は？　と聞かれたら菓子の名前と答えたくなりますが、それでは不十分。菓子の外郎が生まれる前に薬の外郎があったのですから、この名前は曲者です。が、歌舞伎ファンの方なら、菓子の外郎よりも薬の外郎の方をまず思い出されることでしょう。

というのも、歌舞伎十八番の一つ『外郎売り』が、薬の外郎の効用を早口でまくしたてる筋で有名だからです。その内容は「拙者親方と申すは、お立合いのなかに御存知のお方もござりましょうが……」に始まって、外郎の故事来歴や飲み方、舌が自然になめらかになり早口になるという効き目が、身振り手振りを交えておもしろおかし

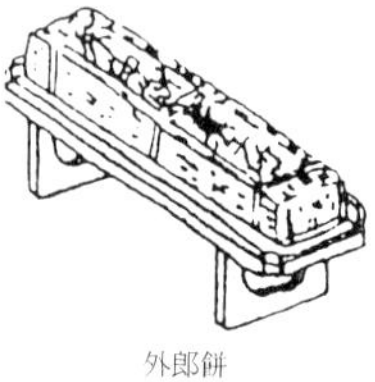
外郎餅
和漢三才図会

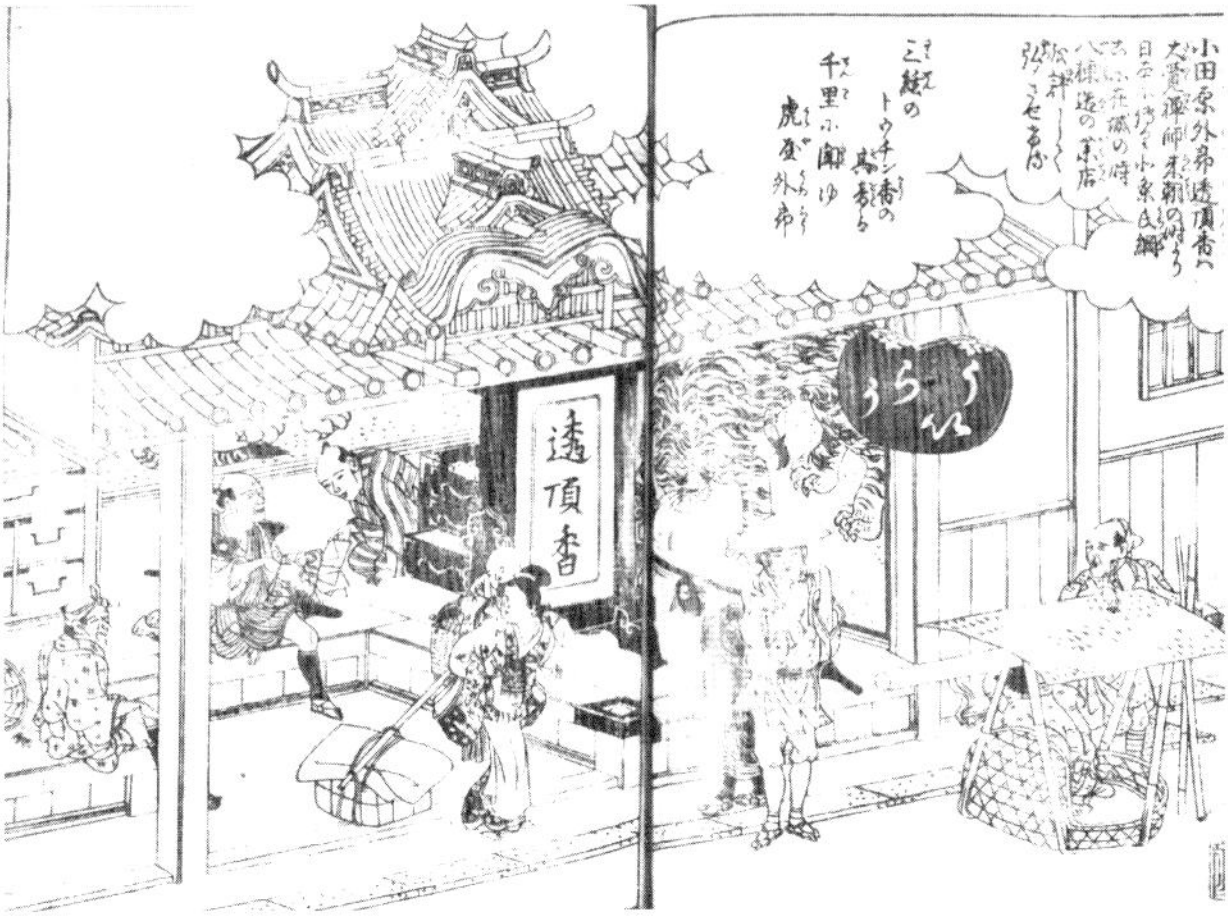

外郎店舗　東海道名所図会

く披露されるもの。二代目市川団十郎が享保三（一七一八）年に初演し、大あたりしましたが、そもそもこの演目は、外郎によって、団十郎の持病の咳と痰が直ったことを感謝して演じられたのが始まり。『外郎売り』のセリフにある小田原の虎屋藤右衛門の外郎がそれで、今も同じ場所で先祖伝来の外郎が販売されています。そして菓子の外郎も、この店で苦い薬の口直し用に作られていたものが広まったと伝わります。

　さて、そうなると、薬の外郎の由来を尋ねたくなりますが、外郎とは、もともと中国の官職名。薬の外郎を製造販売した大年宗奇《たいねんそうき》の父、陳宗敬《ちんそうけい》が、かつて元朝（中国）で、礼部員外郎《れいぶいんういろう》という官職についていたことに因みます。宗敬は、元朝の滅亡後、日本（室町時代）に帰化して、博多に居住。子の宗奇が、三代将軍足利義満の招きに応じ京都に移り、中国伝来の透頂香《とうちんこう》（貴人が冠の中に忍ばせる薬の意）という薬を売り出したところ、陣中の救急薬として使われ、評判になりました。この透頂香の別名が、官職名からとった外郎で、やがて外郎の名の方が広まったわけです。後年、陳氏の子孫は、宇野姓を継ぎ、北条早雲に招かれて永正元（一五〇四）年、小田原に移ります。小田原城正面に宅地をあたえられますが、その邸宅は「外郎の五丁邸宅」と呼ばれるほど広大でした。続いて豊臣秀吉ほか、歴代の藩主も外郎家を保護したことから、外郎は小田原名物になった次第。

江戸時代に入ると、小田原は東海道五十三次の重要な宿駅とされたため、参勤交代の大名と旅人が行き来するところとなります。これに応じて、外郎の効用が話題になり、旅行中の常備薬、あるいは、土産として利用されました。

一方、菓子の外郎は、外郎餅ともいい、うるち米の粉と砂糖をこねて蒸すもので、十七世紀後期の『料理塩梅集《りょうりあんばいしゅう》』をはじめ、江戸時代より文献に見えます。図説百科事典『和漢三才図会』によれば、黒砂糖を用いた色合いが透頂香に似ていたため、その名がついたとのこと（当時の薬の外郎は現在のような銀色の小粒ではなく、黒い丸薬。菓子の外郎は、薬の口直しとして作られたと伝わりますが、色が似ていたことからこのような説も広まったのでしょう）。

また、同時代の菓子製法書『古今名物御前菓子秘伝抄』には、「ういろう餅」のほか、吊《つる》し柿を入れた「柿入りういろう餅」の製法もあり、材料の工夫がうかがえます。先の『和漢三才図会』には、竹皮に包んだ棹形の外郎餅の絵が描かれていますが、『秘伝抄』の製法では、四角い箱にいれて蒸した後は、菱形にでも四角にでも切るとありますから、棹菓子としても数菓子としても作られていたようです。

ところで『東海道中膝栗毛』（初編・一八〇二）では、小田原に着いた弥次喜多が、八ツ棟の威厳ある外郎屋（前述の団十郎ゆかりの店）に立ち寄る楽しい場面があります。弥次が「これが名物のういろうだ」と言うと、「ひとつ買って見よふ。味《うめ》へかの」と喜多八。「うめへだんか。顎《あご》がおちらあ」と知ってか知らぬか、弥次は顎が落ちるほどうまいと美味を絶賛しますが、「ヲヤ餅かとおもったら、くすりみせだな」と、喜多八が菓子ではないことに気づきます。弥次は笑って「ういろうを餅かとうまくだまされてこは薬じゃと苦いかほする」と落ちをつけるわけですが、江戸時代後期にもなると、菓子の外郎も知名度があったのでしょう。実際、当時の名古屋では、尾張徳川家に外郎が献上されていました。

現在でも、外郎は小田原や名古屋をはじめ、山口県や三重県の名物菓子として知られ、栗入り、抹茶、白砂糖味など種類も様々です。また、一般に、外郎は、棹菓子として販売されることが多いのですが、生菓子にも応用され、外郎の生地で餡を包み、四季の風物を形づくったりします。口あたりもよく、ほどよい甘さの外郎は、食べやすく、胃にもたれないもの。日本古来の素材を使ったこの素朴な和菓子は、外郎の名の由来とともに、末長く親しまれることでしょう。

謎づくし十三題

緑の装い――椿餅・桜餅・柏餅

花見の季節には桜餅、端午の節句には柏餅。植物の葉にはさんでしまえば、粘りつく餅類も持ち運びに便利。葉の移り香は奥ゆかしく、保存性も高まって、いいことずくめ。自然の造化の妙をパッケージ替わりに利用した先祖の知恵には頭がさがります。地方にいけば、山帰来《さんきらい》やいばらの葉も使われますが、御三家とでもいいたいのが、椿餅、桜餅、柏餅です。まずは、文献上、最も歴史ある椿餅からその由来や歴史を探ってみましょう。

◎ 椿餅

椿餅

椿餅*の記録が見えるのは、今から千年ほど前に書かれた古典文学の最高傑作『源氏物語』。さて、その登場の箇所とは、第三十四帖の「若菜上」。蹴鞠《けまり》の催しを終えた源氏が対の南おもてに入ったあとの場面に「つぎつぎの殿上人《てんじょうびと》は簀の子に円座《わらふだ》めしてわざとなく、椿《つばい》もちひ、梨、柑子やうの物ども、様々に、箱の蓋どもに取りまぜつつあるを、若き人々、そぼれ取りくふ……」とあり、殿上人がくつろいでいる時に出てくる食べものの一つとして、名前があがっています。

この椿もちひについて『源氏物語』の注釈書、『河海抄』（十四世紀中）には、「椿の葉を合はせて、もちひの粉に甘葛《あまずら》をかけて包みたる物を鞠の所にて食する也」とあり、現在見るような形だったと想像できます。ただ、当時は砂糖が高価な輸入品であり、甘味として甘葛が使われている点が異なるところ。現在ほど甘くはなかったことでしょう。

さて、ここで注目したいのは、椿餅が蹴鞠に用意される定番の食物であったこと。『源氏物語』だけでなく、江戸時代初期の『蹴鞠之目録九拾九ヶ條』（一六三一）にも「一・鞠場へ可出物之事。甘糊。たゝみ。つばゐもち。是は椿の葉につくりてのするもち也」とあります。

椿餅と蹴鞠に、どのようなつながりがあるか詳らかではありませんが**、椿の木が古来、厄よけに使われたことや、蹴鞠の際、演技の場である庭の四方に、桜、松、柳、楓の木を植えたことなどが関係あるかもしれません。

時代は下って、江戸時代の製法書『古今名物御前菓子図式』（一七六一）に見える椿餅は、生地の道明寺粉***に白砂糖を使い、肉桂で風味をつけるもので、今日とほぼ同じ製法です。決定的な違いは、現在と異なり、先の平安時代の椿餅同様、中身に餡が入っていないこと。餡なしとは物足りない感じですが、「口中にてきゆるごとくにて味宜《よろ》しきもの也」と筆者の絶賛の言葉が文末にありますから、きっと生地のほのかな甘みと肉桂の香りが上品な味わいだったのでしょう。現在でも、椿餅は昔ながらの形で二月頃に作られます。王朝貴族になった気分で、古《いにしえ》の生活を偲びながら優雅に賞味するのも、また一興かもしれません。

◎ 柏餅

さて、椿餅の次に文献に見えるのは、柏餅。もっとも、柏の葉自体は古代より食物の器として使われており、食物をつかさどる役職名の膳《かしわで》も、ここに由来するといわれます。

このため、柏の葉に餅をはさむことも古くからあったと思われますが、江戸を中心に端午の節句菓子として定着するのは、江戸時代の寛文年間（一六六一〜七三）頃と伝わります（『世事百談《せじひやくだん》』）。現在でも五月の節句といえば、関西では粽ですが、関東では柏餅でしょう。この背景として「柏の葉は新芽が出るまで古い葉を落とさないため、家系が絶えない」という俗言が武家や民間で広まったことがあげられます。また、『続江戸砂子《ぞくえどすなご》』（一七三五）によれば、常磐木《ときわぎ》（常緑樹）の中でも、柏は葉が広く、めでたいものとされたとか。これも柏餅の普及と関係ありそうです。

さて、柏餅は、当初塩餡でつくられたようで、『古今名物御前菓子秘伝抄』（一七一八）にも、餅の中身として「あづきよく煮て塩少し入すりつぶし入れ」と見えます。市販の柏餅でも、

喉《のど》ばかりかわく伊勢屋の柏餅（柳多留二四23）

とあるように、塩がききすぎのものもあったよう。客から苦情がきそうな代物だったわけですが、江戸時代後期には、現在作られる甘い小豆餡または味噌餡の柏餅が一般的になったようです。『守貞漫稿』（一八五三）に

よれば、小豆餡は葉の表、味噌餡は葉の裏を出して、餡の区別をつけたとか。今でも葉の表裏で区別することがありますが、餡の種類によって、餅の色を黄色や薄紅色に変える方が多いでしょう。

柏餅もよく見ると俵形、編笠形など、店によって微妙に形が異なるもの。地方別に違いを比較してみるのもおもしろそうです。

◎ 桜餅

柏餅と同様、桜餅も江戸時代より記録に見える季節商品です。江戸では隅田川畔の桜の葉を利用した桜餅が享保二（一七一七）年より売りだされ、文政七（一八二四）年には、一年間で七十七万五千枚の桜葉を使用したという記録が残るほど大繁盛しました（『兎園小説《とえんしょうせつ》』）。現在もこの隅田川沿いの桜餅は、東京名物として有名です。

ところで桜餅談義でよく話題に上るのは、葉を食べるか食べないかということ。椿餅や柏餅と違い、桜餅の葉は塩漬けにしてあるため食べられますが、「三つ食へば葉三枚や桜餅　高浜虚子」の句があるように、葉はあくまで香りづけで、食べないとする考え方もあります。また、江戸っ子は葉ごと食べるのが粋という説もあり、結局、

浮世年中行事　皐月　三代豊国（吉田コレクション）

お好みで食べてもよし、食べなくてもよしで決まりはないでしょう。

因みに関東では、生地に小麦粉を使いますが、京都の桜餅は道明寺粉を使うのがふつうで、嵐山近辺の名物になっています。前述の椿餅のように餡が入っていないものもあり、奥ゆかしい味わいは京都ならでは。ぜひ、試していただきたい逸品です。

＊　江戸時代の『集古図』に椿餅が唐菓子とともに描かれていることなどから、椿餅が唐から伝わったとする考え方もあります。しかし、椿餅が和名で訓まれることや、『和名類《わみようるい》聚抄《じゆしよう》』『厨事類記《ちゆうじるいき》』など平安〜鎌倉時代の文献に、唐菓子類として名前が見えないことから中国起源かどうか疑問視されています。

＊＊　京都蹴鞠保存会の中西定典氏にもうかがってみましたが、なぜ椿餅を使うかについては不明とのこと。現在では、神社奉納の蹴鞠の際に、直会《なおらい》として酒食（供物として一般菓子も含む）をするとのお話でした。なお、古記録によれば、椿餅以外にも榧《かや》の実や松の実、柏餅なども使われており、木の実は、毬果《きゆうか》と表されることから毬《まり》に縁あるものとされたようです。

＊＊＊　糯米を蒸して乾燥し粉末にしたもの。大阪の道明寺の糒《ほしいい》が有名であったことに因みます。寒天と合わせ、煮溶かして、枠や瀬戸型に流したり、蒸した道明寺生地で餡を包んだりします。

きんとん変身譚

お正月のお節料理に欠かせないきんとんは艶のある黄金色が目にも鮮やか。お酒のおつまみには少々甘いけれど、伊達巻《だてまき》とならんで子供たちの好物です。ところで、和菓子にきんとんがあるのをご存じでしょうか。求肥《ぎゅうひ》や外郎、練りきりなどと同様にぜひ記憶していただきたい和菓子用語です。十円玉ぐらいの大きさの餡玉のまわりに、そぼろ状の餡をつけた可愛らしい菓子ですから、見覚えのある方も多いでしょう。

きんとんの魅力は、そのしっとりとした餡の味わいと、花弁や紙吹雪を思わせるようなそぼろの色にあります。四季の変化によって、そぼろの色や名前が変わる点も風

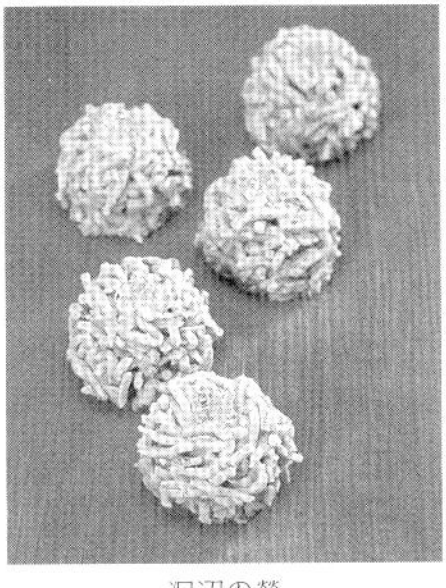

沢辺の螢

情があるところ。

たとえば冬には茶色と白のそぼろを半分ずつつけ「深山《みやま》の雪《ゆき》」、春には緑地のそぼろに桜の花形をつけ「都の錦」、夏には緑地に黄の琥珀糖をのせ「沢辺の螢」、秋には黄と赤のそぼろで「紅葉重《もみじがさ》ね」という具合。色の組み合わせで菓銘そして季節感が変わってしまうのですから、まさにきんとんの七変化、変身の魔術です。

さらに注意深く味わってみると、そぼろの大きさや中の餡玉も店によって個性があることに気づきます。外側のそぼろは、ふるいの網目によって、太さや長さに違いが出てくるもの。中身の餡は小倉餡、漉し餡が一般的ですが、ひと工夫して求肥や練りきりで餡を包んだり、水羊羹をさいの目切りにしたものを餡玉にいれたり……などど。きんとんを半分にカットして切り口を見れば、違いがよくわかるしくみになっています。和菓子ファンとしてはここまで見極めたい感じです。

ところでこのリズム感ある響きの「きんとん」にはどのような由来や歴史があるのでしょうか。漢字では金飩、橘団と書くこの菓子は北野天満宮の神宮寺であった松梅院の記録『北野社家記《きたのしやけき》』に名前が見え（長享二〈一四八八〉年の項）、日本語をポルトガル語に訳した『日葡辞書』（一六〇三）には「中に砂糖の入った、ある種の円い餅」

と意味がでています。何やら現在のきんとんとは趣を異にするようですが、これに関連して、十六世紀中頃に成立した宴会行酒の時の作法書『酌並記《しゃくへいき》』には「人の前にきんとんくふ事。聊爾《りょうじ》（に）くへは中なるさとう出てかほへかゝる物也　其用心をしてくふへき也」とあります。つまり、気をつけないときんとんの中の砂糖が顔にかかってしまうというわけです。それにしても顔に飛び散るほど勢いよく、きんとんを口にする人もいたのでしょうか。想像するだけで笑いを誘われます。

一方、江戸時代に刊行された『料理物語』（一六四三）には、冷ました味噌汁で葛粉をこね、芥子《けし》や山椒をすってまぜ、団子にした後、味噌汁仕立てにする「きんとん」の製法がでています。このきんとんは、今日のすいとんに近いもので、きんとんとすいとんが混同された時期があるのではないかとも推測されています。*

また、『古今名物御前菓子秘伝抄』には「きんとん餅」があり、糯米《もちごめ》の粉の生地に白砂糖を包んで団子にし、ゆでた後、黄な粉やごまを煎って細かくすったものをつけるという製法が出ています。きんとんの名前もこのように表面が黄色であることから、金の固まりに見立てたのでしょう。同様に『貞丈雑記』（一七六三〜八四）には「きんとんは、栗の粉にてちひさく団子の様にして、其中へ砂糖を入れたる物也」とあり、栗の黄色から名前がついたとしています。

江戸時代中頃には、このタイプのきんとんが定着していたと思われますが、『秘伝抄』から約五十年後の『古今名物御前菓子図式』では、現在も茶人の間で知られる「大徳寺きんとん」が登場します。これは黄色のしん粉餅をつくり、中に白餡を入れて丸くし、ささげの漉粉をかけたもので、京都大徳寺の茶会でよく使われたと伝わります。この漉粉が餡のそぼろに変われば、今のきんとんになるわけですが、その製法が見えるのが『菓子話船橋』（一八四一）の「紫きんとん」。求肥を中の種にして、餡でくるみ、その上に裏ごししたそぼろをまぶすというもの。新きんとんの誕生というわけです。

こうしてみると、きんとんは、
①砂糖入りの餅や粟団子
②味噌仕立ての葛団子
③黄な粉または胡麻つき砂糖入り団子
④漉粉まぶしの餡入りしん粉餅（大徳寺きんとん）
と、変身をくり返し、最終的に、そぼろ餡きんとんに落ちついたようです。

因みにお節料理のきんとんは、江戸時代の文献には記録がなく、明治時代より作られるようになったといわれます。この場合は、栗と金時芋の色を金のかたまりに見立てたのでしょう。加えて〝やりくりがうまくいく〟などの言葉遊びも好まれたと考えられます。

ところで、地方の銘菓には、そぼろ状でないきんとんもあります。岐阜県中津川名物「栗きんとん」がその一つで、ゆで栗をほぐし、砂糖を加えて炊きあげ、茶巾に絞って作る菓子です。栗色を黄金色（金）にたとえ、こねてまとめる意の「飩」や「団」からその名をつけたのでしょうか。

このように、きんとんは、数多くの菓子の中でもとりわけその変身譚が楽しめるもの。日本人はよっぽどこの語感が好きだったのかもしれません。これからもまだまだ、きんとんの変身の可能性はありそうです。

＊鈴木晋一「すいとん・きんとん」『たべもの噺』平凡社　一九八六年

動物・菓子づくし

「羊、牛、犬、鹿、鯨、猪、これらの動物それぞれに因む菓子名は何でしょう」

和菓子学なる学問が誕生したら、試験官としてぜひこんな問題を作ってみたいところ。

まず一番の答えは、もちろん羊羹。由来については、六五頁ですでにご紹介しました。

次の二番と三番は牛皮《ぎゅうひ》、犬皮《けんぴ》。現在では求肥、ケンピの表記が一般的なので、難問だったかもしれません。求肥は、求肥飴、求肥餅ともいい、糯米（白玉粉）、砂糖、水飴から作る弾力性のある菓子のこと。牛のなめし革のように白いことから、名づけ

兎饅

て牛皮、あるいは単に「牛」とも呼ばれました。江戸時代の通俗辞書『書言字考節用《しょげんじこうせつよう》集《しゅう》』（一六九八）によれば、中国で祭祀の折に供えられた牛脾糖《ぎゅうひとう》が原形とされます。

現在、求肥は季節の生菓子にかかせない素材。求肥で餡を包んだり、羊羹を巻いたりしますが、熊本県の「朝鮮飴」のように、求肥そのものを味わう菓子もあります。やわらかく弾力ある歯ごたえ、七難隠すまっ白な色合いがその魅力でしょう。

一方、ケンピは求肥ほど知られていませんが、高知県の名物干菓子になっています。小麦粉に糖蜜をいれ、こねてのばし、千切りにして焼くもので、江戸時代後期の『善《ぜん》庵随筆《あんずいひつ》』（一八五〇）に「菓子に名づくる、牛の皮に似たればとて牛皮といひ、犬の皮に似たればとて犬皮といひ……」と見えます。牛皮についで犬皮の見立てが生まれ

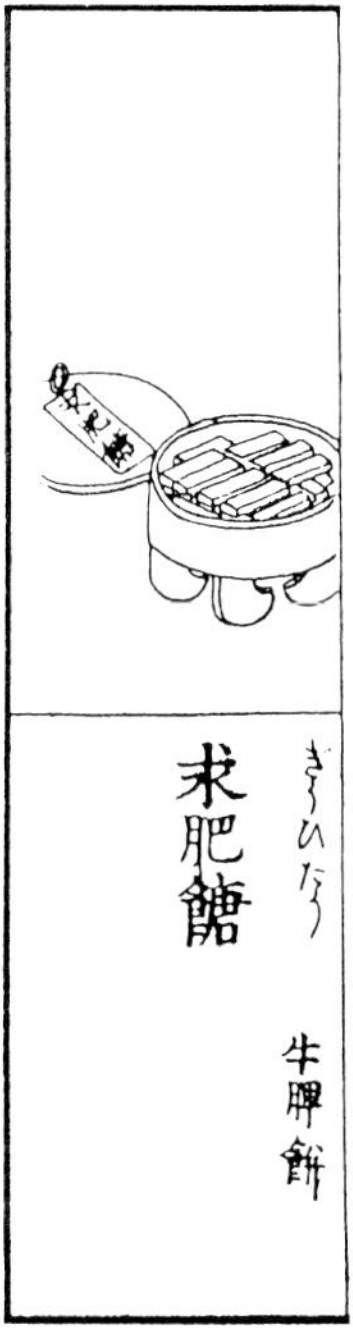

求肥糖
和漢三才図会

たようですが、高知県では堅い干菓子の意味で堅干の当て字が使われたといいますから、犬皮説は日本全国に通用するとは限らないようです。また、『嬉遊笑覧』（一八三〇序）は「巻餅《けんぴん》ハ今世けんひ焼といふものなり」として、生地を巻いて作る「けんひ焼」の製法を記しており、諸説入り乱れています。

さて、四番目の鹿は鹿子餅《かのこもち》。餅あるいは餡玉の上に蜜煮にした小豆、隠元豆などをつけ、鹿子斑《かのこまだら》に見立てた菓子です。

鹿子絞《かのこしぼり》、鹿子染、鹿子模様の言葉が残るように、鹿の毛色に見える斑点模様に由来する染織用語は、すでにおなじみ。鹿子餅は、江戸時代に庶民の人気菓子となり、

鹿子餅釈迦のあたまの後ろ向き（柳多留一〇一35）

のように、仏像の螺髪《らほつ》になぞらえて茶化してしまう川柳も詠まれました。

鹿子餅は現在も健在。和菓子屋でよく見かけますが、栗菓子で有名な長野県小布施《おぶせ》では、栗餡に大粒の蜜栗をあわせたものを「かの子」と呼んでおり、地元の銘菓になっています。

そして次の鯨は鯨餅。鯨餅には二種類あります。まず一つは、青森県や山形県など東北地方の名物で、うるち米の粉に砂糖、胡桃をいれてよくこね、棹形にして蒸した

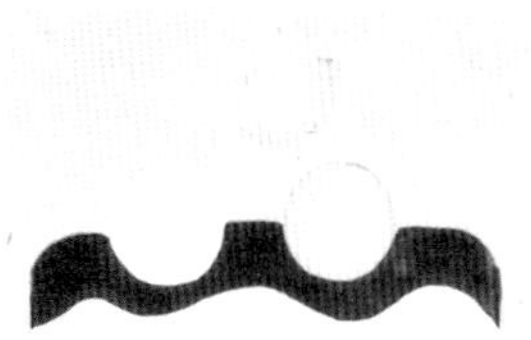

鯨餅絵図　宝永4（1707）年

もの。糯米ほか、黒砂糖や醤油をいれるなど、味つけは様々で、鄙《ひな》びた味わいがあります。もともと兵糧として作られ、山くじら、つまり猪の皮色に見立てたともいわれますが、その一方で滋養によい意味の「久慈良」の字を当てたものも見かけます。

もう一つの鯨餅は、江戸時代の絵図帳に必ずといってよいほど登場する菓子で、黒と白との二段の蒸羊羹。鯨の皮と脂肪層を表わしたもので、鯨帯（片側が黒繻子《くろじゅす》、片側が白布の帯。後に表と裏の布が違う帯も指す）に通じる発想です。江戸時代には作る店も多かったようですが、現在ではあまり見かけません（因みに虎屋の宝永四〈一七〇七〉年の絵図帳には上のような鯨餅の絵があります。享保九〈一七二四〉年の覚帳に

「黄白の眼入申し」とあることから黄と白の丸形の生地は眼の見立てだとわかります）。

最後の猪は、旧暦十月の亥（猪）の日に食べる亥の子餅《いこもち》。今でも茶会の炉開きに使われるこの菓子は、由緒ある行事食です。

古くは『源氏物語』にも見え、万病を払う食物とされましたが、後には猪の多産にあやかり収穫祭と結びつき、子孫繁栄の願いが込められ、民間に浸透しました。宮中では大豆、小豆、大角豆（ささげ）、胡麻、栗、柿、糖（あめ）の七種の粉を用い、猪の子形に切ったものが用意されたりしましたが、民間ではぼた餅に似たものが作られたようです。近世ではこの日から炉や炬燵を開き、火鉢を出す風習がありました。また、地方によっては、子供たちが亥子唄を歌いながら、厄よけのために藁束や石で地面を打つ亥子突《いのこつき》を行うなど、賑々しい習わしもあり、現在も受け継がれています（主に近畿から南九州にかけて）。

新年には、干支に因んだ動物意匠の菓子が工夫されますが、身近な菓子名が動物名に由来することは意外に見過ごされているもの。由来を知って、なるほどの感がありますが、こんなところにも日本人の動物観が表われているのかもしれません。

鳥・菓子づくし

和菓子の意匠を「花鳥風月」で表わすと、鳥は鶯、鶉、千鳥、鶴、雁で代表されるでしょう。どの鳥も詩歌や文学と結びつき、絵画や工芸品の意匠としてなじみ深いところが共通点。見た目も愛らしく、造形化しやすいことが特徴です。和菓子では、孔雀やふくろうのように西洋のイメージが強い鳥は向かないのでしょう。さて、和菓子に表われたる鳥のいろいろです。

◎ 鶯

鶯といえば、春の訪れにふさわしい鶯餅です。作り方はそれほど難しくなく、餡を

鶉餅

包んだ餅や求肥の両端を尖らせ、青黄な粉（青大豆を煎って粉にしたもの）をまぶせば出来上がり。単純な形にもかかわらず、ホーホケキョの鳴き声を連想してしまうこの心情は、鶯の羽色に似た鶯色に負うところが大きいでしょう。ところが今後もこの色彩感覚が子供たちに受け継がれるかどうかは疑問。鶯豆や鶯餡パンなどという言葉もだんだん聞かれなくなってしまった今日、鶯色を眼にする機会も少なくなってしまったような気がします。

◎ 鶉

小太りで丸々とした鶉は、どこか愛くるしさがあるもの。吉祥を表わす鳥として、絵画や工芸品の意匠にもよく使われます。

和菓子の世界でも鶉は、一目置かれている存在といえるでしょう。戦国時代の公卿、山科言継《やましなときつぐ》の残した『言継卿記《ときつぐきょうき》』の天文二十二（一五五三）年三月七日の条には、贈られた鶉餅一盆について「珍物」と記されています。珍物とは鶉に似た珍しい形を言い表わしているのでしょうか。

当時の鶉餅がどのような形かはわかりませんが、虎屋の場合は、慶安四（一六五

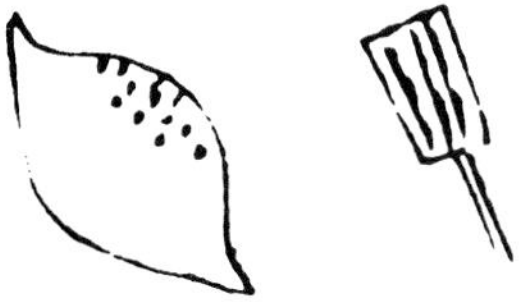

鶉餅と鶉焼の焼きごて
古今名物御前菓子図式

一）年の御用記録に鶉餅の名前があり、鶉を模した菓子として伝わっています。ほんの少し尖った嘴と、小さな目が愛らしく、縫いぐるみを見るような意匠です。

一方、菓子製法書の『古今名物御前菓子図式』に見える「鶉餅」は、目や嘴をつけない鶯餅タイプ。丸くふくらんだ形を鶉に見立てたもので、食べごたえがあることから腹太餅《はらぶともち》の異名もあります。ぼてっとした感じがおなかのふくらみ具合を連想させることもその名にふさわしいようです。

さて、鶉餅と並んで、鶉焼も人気者。これは、先の腹太餅なる鶉餅を焼いたようなものですが、前述の『菓子図式』では、鳥の羽の形を彫った焼きごてを餅に押し当てる製法を図とともに記しています。

弥次喜多道中で知られる『東海道中膝栗毛』（四

編・一八〇五）では、今村（現在の愛知県安城市《あんじようし》）に着いた喜多八が、巧みな言いまわしで、三文の「うづら焼き」を二文に負けさせて買う場面が描かれています。どちらのタイプの鶉焼かわかりませんが、せしめた「うづら焼き」を平げる喜多八の満足気な表情が想像できそうです。当時、鶉焼は庶民の菓子として各地で出まわっていたのでしょう。現在では、どこでも見られる菓子ではなくなりましたが、茶会に使われることがあります。

◎千鳥

千鳥とは、群れをなして飛ぶチドリ科の鳥の総称。全長十五〜二十センチで、嘴は比較的短く、海岸や河原から飛び立つ愛らしい姿が好まれ、古来数多くの歌に詠まれました。

淡海《あふみ》の海夕波《ゆふなみ》千鳥《ちどり》汝《な》が鳴けば
心もしのにいにしへ思ほゆ
（『万葉集』巻三・柿本人麻呂）

千鳥をあしらった文様は、着物、工芸品に数多く見られるもの。和菓子では、羊羹

薯蕷饅頭　初雁

の切り口に見える小豆の粒を千鳥に見立て、「友千鳥」「夕千鳥」の名をつけたり、饅頭や焼菓子に千鳥の焼印《やきいん》を押したりします。

◎雁

その年の秋、初めて北から渡ってくる雁を初雁《はつかり》と呼びますが、菓子の焼印では「へ」の字を逆にした形を連ねる雁行《がんこう》文様がよく使われます。前漢の蘇武《そぶ》が匈奴《きょうど》にとらわれた時、雁の足に手紙をつけて都に届けたという中国の故事から、「雁の使い」や「雁の便り」には手紙の意味があり、飛翔する雁には奥ゆかしさが感じられます。また、雁の鳴く声は「雁が音《かりがね》」として賞され、和歌や俳句にもその風情が詠まれています。

雁のこゑすべて月下を過ぎ終る　山口誓子

加えて、雁といえば忘れてはならない和菓子が落雁。糯米、うるち米、小麦、大麦、粟、大豆、小豆などの穀物の粉に水飴や砂糖を加え、型にいれて押し固めたもので、最近では小型が主流となりましたが、かつては意匠を凝らし、彩りも華やかな大型の落雁が献上品や贈答品として作られていました。

さて、この落雁の由来には諸説あり、代表的なものに、

1、中国の菓子名の軟落甘《なんらくかん》の軟を略し、雁の字を当てたもの（『俚言集覧《りげんしゅうらん》』『嬉遊笑覧』）

2、表面に見える黒胡麻を落雁、つまり、雁が地上に降りてくる様に見立てたもの（『類聚名物考《るいじゅめいぶつこう》』『語理語源』）

などがあります。

2の『類聚名物考』（十八世紀成）では、近江八景《おうみはっけい》*の平沙《へいさ》の落雁に因むとしていますが、『語理語源』（一九六二）では、菓子工坂口治郎の末孫が後陽成天皇（一五八六～一六一一在位）に献上した折、「白山の雪より高き菓子の名は四方の千里に落つる雁かな」と歌を詠まれたという逸話を由来の一つにしています。

こうした逸話が残るのは落雁がそれだけ文学的情趣を感じさせる言葉だからでしょう。

和菓子特有の見立ての美学は鳥菓子づくしからもうかがえます。

＊近江八景とは、中国の瀟湘八景《しょうしょうはっけい》にならったもので、近江国（現滋賀県）南部湖畔の

八つの景勝地、三井《みい》の晩鐘《ばんしょう》、唐崎《からさき》の夜雨、堅田《かただ》の落雁（平沙の落雁）、粟津の晴嵐、矢橋《やばせ》の帰帆、比良《ひら》の暮雪、石山の秋月、瀬田の夕照を指します。

また、落雁の名づけ親を、後小松天皇や後水尾天皇とする別の説もあります。

魚・菓子づくし

魚の菓子といえば、すぐに思い浮かぶのが、ヒット曲『泳げ、たいやきくん』でもおなじみの鯛焼。おいしそうな焼き色のついた皮にたっぷりのあんこ（鯛焼の場合はやはり「あんこ」といいたいもの）、可愛らしい形も心憎いところ。今川焼やどら焼と似たようなものですが、鯛焼は焼型の凹凸により、食感に変化があるうえ、高級な鯛を食べているという？　疑似体験が楽しめてうれしいものです。しっぽまであんこが入っているかどうかが話題になるのも、魚の身と皮の感覚で食べているからでしょう。つまり、しっぽまであんこ（身）があってほしいという食い意地？　かもしれません。

さてさて、ことは鯛焼ばかりではありません。菓子の木型でも、一番よく使われる

若葉蔭

魚の意匠は、もちろん鯛です。かつては、祝儀の折や病気見舞いに、大きな鯛の押物（落雁）が贈られました。特に疱瘡《ほうそう》見舞いでは、赤色が病魔を払うという信仰から、鯛が好まれたとか。現在ではほとんど作られなくなってしまいましたが、老舗の菓子屋であれば、必ず一つや二つの鯛形の木型を残しているはずです。

もともと鯛は、日本人の食生活との関わりが古く、『日本書紀《にほんしょき》』では、神功皇后が舟のまわりに群がってきた「海鯽魚《たい》」に酒を注ぎ、海人がこれをとる話があります。鯛が尊ばれるようになるのは、室町時代より広まった七福神信仰に負うところが大きく、七福神の一人、恵比寿神《えびすがみ》が右肩に釣竿、左脇に真鯛を抱えることから、神様が抱く魚と見なされました。また、めでたいに通じる名前も喜ばれ、祝い樽に添えたり、折敷《おしき》に二尾、頭をつきあわせて左右に置き、注連縄《しめなわ》を添え、祝鯛が作られました。このように、かつてはハレの日の特別な魚だった鯛を、鯛焼として庶民感覚あふれる菓子にしたのは、アイデア賞ものでしょう。江戸時代の文献に鯛焼はなく、明治時代に誕生するわけですが、それにしてもこの商品企画は、縁起のよい姿・名前から大成功したといえるでしょう*。

さて、鯛についで人気の魚といえば鮎でしょう。

若鮎の二手になりて上りけり　正岡子規

香魚、年魚の異名をもつ鮎は、姿かたちの美しい魚。五〜六月頃、川を上ることから、和菓子では夏の意匠になります。よく知られるのが焼鮎《やきあゆ》。京都で見かけることが多い菓子で、小麦粉と卵を使った生地を焼き、求肥を包んで丸め、焼印で、目や尾をつけたもの。鯛焼同様に餡が入っているかと思えば、夏らしく、ほどほどの甘さの白い求肥が入っているのですから、初めて食べる方は、ちょっと意表をつかれるでしょう。

このほか、鮎形の干菓子や最中も各地の土産菓子として見かけるもの。また、寒天と砂糖で作る琥珀（錦玉）生地に、鮎形のこなしを浮かべ、川底を泳ぐ鮎を表現する夏向けの生菓子もあり、涼を呼びます。

和菓子（主に菓子木型を使うもの）で意匠化される魚介類には、ほかにも、鯉や鮃《ひらめ》、海老、金魚などがありますが、やはり、めでたい鯛と、美しい鮎が双璧でしょう。珍しいところでは、鰹節の木型に流し込んで作る高知県の飴「松魚《かつお》つぶ」や初がつおの切り身を思わせる愛知県の棹物菓子「初かつを」があります。「目には青葉山ほととぎす初がつほ　山口素堂」の句があるように、初がつおは季節の移り目を象徴する季語でもあり、その語感を生かした菓銘といえるでしょう。菓子の「初かつを」も二月下旬~五月中旬の初がつおのシーズンまでしか販売しないといいますから、季節感へのこだわりがあります。

ところで、私の見聞したところでは、あじ、さんま、たこなどの庶民的な魚はまず、菓子木型の図案にないようです。やはり、和菓子の場合は、象徴性や造形性が重視されるためでしょう。確かに、アジ焼き、さんま最中などの名前は、魚を焼く臭いが漂ってくるような響きがあり、和菓子としてはイメージダウンです。

魚介類としてついでながら加えると、貝の意匠も和菓子に不可欠。雛祭りとの結びつきで春によく作られ、浜辺で拾えるような美しい小貝を模した干菓子や飴細工が、目を楽しませてくれます。

また、貝の中でも、特に蛤は貝の一対がほかの貝とは組み合わないことから、夫婦の象徴とされ、結婚式や雛祭りの菓子に好まれます。貝合わせも蛤のこの特質をいかした遊びで、裏に絵を描いた一対の貝を地貝と出貝《だしがい》にわけ、組み合わせるもの。平安時代より貴族の子女の嗜みとされ、江戸時代には、嫁入り道具の一つにもなりました。このため、蛤同様、貝合わせの意匠も、木型に取りいれられ、雛菓子などに使われま

貝合（かいあわせ）

す。また、蛤の貝に、琥珀（錦玉）や飴を流し込む菓子も作られています。貝を器に見立てたわけで、ほのかに潮の香りが漂ってくるようです。

＊鯛形を思いついたのは東京麻布十番の浪花屋総本家の初代で、明治四十二（一九〇九）年といわれます。当時は流行ものを菓子の焼型にとりいれる風潮がありましたが、鯛形は縁起もよく、一躍評判になったそうです（熊谷真菜『たこやき』リブロポート　一九九三年）。

花くらべ——梅と桜

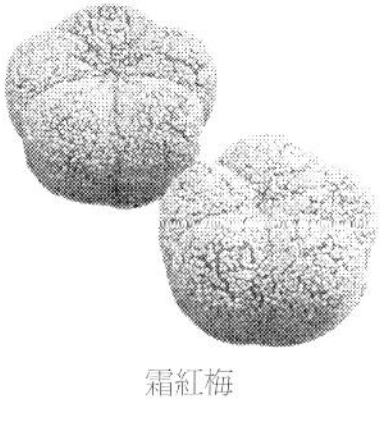
霜紅梅

梅と桜のどちらが好き？　と聞かれたら、まずほとんどの人が桜と答えるのではないでしょうか。
「敷島の大和心を人問はば朝日に匂ふ山桜花」という本居宣長《もとおりのりなが》の歌で代表されるように、桜は日本人の精神の象徴。散りぎわの潔さから武士の美学や軍国主義と結びついた時代もありましたが、桜の美しさを愛でる気持ちは今も昔も変わらないようです。
さて、日本で桜の花がもてはやされるのは、平安時代に入ってからのこと。平安時代中期に編纂された『古今和歌集』では、花といえば桜を指します。ところが、その前の奈良時代といえば、唐文化崇拝の風潮にあって、中国原産の梅の方が珍重されていました。『万葉集』の中でも萩の花についでよく詠まれた植物が梅の花。楚々とした品格ある梅は、君子の姿に通じるものがあり、文人たちの趣向にあっていたのです。現在では、桜の花見が国民的行事になっているせいか、梅はやや影が薄くなったといえるかもしれません。

さて、色かたちに花をイメージすることが多い和菓子の場合は、桜も梅も生菓子、焼菓子、押物ほかどの種類においても好まれる意匠です。どちらもそれぞれ美しいものですが、種類の多さからいえば、梅にやや軍配が上がるでしょう。松竹梅の組み合わせで慶事に使われるように、梅の吉祥性は桜にない魅力と思われます。桜ファンの方には申しわけないのですが、ここでは、梅と和菓子の相性の良さに注目してみましょう。

寒中にありながら、百花にさきがけて咲く梅の花には、春の兆しを象徴し、人々の心をときめかせる美しさがあるもの。雪や霜と組み合わせて歌に詠まれたり、絵画の題材にもなっていますが、同様に和菓子の場合も、「霜紅梅《しもこうばい》」「寒紅梅《かんこうばい》」などが人気ある菓銘です。

梅型の看板

意匠の例としては『古今名物御前菓子図式』に見られる「霜紅梅」のように、梅の形にした生地に、荒粉《あらこ》や氷おろし（氷砂糖を砕き、細かくしたもの）で見立てた霜や雪を置くことが多く、季節の移り変わりを暗示します。

また、梅の菓銘には、『古今和歌集』序の「なにはづにさくやこの花冬ごもり今ははるべと咲くやこの花」に因み、「難波津《なにわづ》」（淀川の河口周辺・今の大阪市）や「この花」もよく使われ、詩情を漂わせます。加えて、梅の馥郁《ふくいく》たる香りは、人を魅了してやまないもの。「梅《うめ》が枝《え》」「梅《うめ》が香《か》」など香の銘に因んだ名前が使われるのも、香りという嗅覚に訴える別次元の魅力が加わり、味わいが増すからでしょう。

一方、梅は、学問の神様、菅原道真（八四五〜九〇三）が愛した花としても名高く、道真が左遷された九州大宰府近くでは、梅ヶ枝餅《うめがえもち》（餡入りの焼餅）を売る茶屋が立ち並び、人気を集めています。梅に因む菓子は、天神信仰とも関わって、道真の詠んだ名歌、

東風《こち》吹かば匂ひおこせよ梅の花
　主《あるじ》なしとて春を忘るな　（『拾遺集』）

や、道真の逸話を連想させます。

また、梅は造形的にも創造力をかきたてるもの。その上品で端正な形は、古来、家紋や着物、工芸品に数多く意匠化されています。ねじり梅、八重梅、重ね梅など、種類によって花の形が異なるように、菓子の場合にも様々な梅意匠が取り入れられています。その一例ともいえる紅梅焼《こうばいやき》は、現在は浅草名物として知られますが、かつては、江戸の名物菓子の一つで商う店も多かったとのこと。『守貞漫稿』には、紅梅焼の梅型の看板図が描かれており、往時の人気を偲ばせます。

同時に梅は、尾形光琳《おがたこうりん》（一六五八〜一七一六）に代表される琳派が好んだ意匠。光琳の「紅白梅図屏風」がその代表作ですが、弟の乾山《けんざん》（一六六三〜一七四三）の作品にも茶碗や皿ほか、かなり見られます。もちろん、日本の絵画や工芸品には桜の意匠も数多いわけですが、和菓子の場合、花弁が割れている桜にくらべ、梅は造形化しや

すい利点があったのかもしれません。単純に考えても、桜焼は紅梅焼よりむずかしそうではありませんか？

梅の人気挽回とばかりに、梅をひいきにしてしまいましたが、このライバル？　の梅と桜は、素材としても和菓子と相性がよいもの。桜の例では、桜葉で生地を包む桜餅や葛桜、塩漬けの花をのせる餡パンがその代表。葛生地や錦玉に桜の花が透けて見える菓子もあり、春ならではの風情があります。

一方の梅の菓子も、のし梅や甘露梅《かんろばい》や羊羹ほか、青梅入りの饅頭や焼菓子など種類も豊富。花にゆかりのある菓子は多いものですが、桜、梅は、名実ともに和菓子に貢献している植物といえるでしょう。

あてなるもの——氷と水無月

「あてなるもの。……削氷《けずりひ》に甘葛いれて、あたらしき金鋺《かなまり》にいれたる……」（『枕草子』第四十二段）

清少納言があてなるもの（上品なもの）として賞味したかき氷は、今も夏の風物詩。ミルク、イチゴ、レモン、メロンなどシロップもカラフルに涼しさを演出してくれます。ところで、かき氷とは別に、氷に因んだ奥ゆかしい和菓子があるのをご存じでしょうか。京都出身の人なら、まず思い浮かぶのが「水無月《みなづき》」でしょう。

旧暦六月を意味するこの「水無月」は、三角形の外郎生地の表面に小豆を散らした素朴な生菓子。京銘菓として一年中販売している店もありますが、六月になると、ど

水無月

の菓子屋も「水無月」の張り紙や幟《のぼり》を店頭に出し始めます。形は単純でも風味は、抹茶、黒砂糖、白外郎など様々。豆の大きさや種類も店によって微妙に異なっています。「水無月」は文字どおり、六月の季節菓子とされますが、京都では厄払《やくばら》いの意をこめて、特に六月三十日に食べる習わしがあります。というのも毎年この日には、各神社で水無月祓いの行事が行われるからです。参詣者は境内に置かれた茅《ちがや》の大きな輪をくぐったり、みそぎ川に形代《かたしろ》を流したりします。来るべき夏の暑さに備え、病にかからぬよう、前もって除災の祈願をしたといえるでしょう。この行事は平安時代には行われており、『拾遺和歌集』にも、

水無月のなごしのはらへする人は
千歳《ちとせ》の命延《の》ぶといふなり

とあります。

さて、冒頭の氷の話に戻りますが、この「水無月」の三角形が、氷の形を表わすと伝えられるもの。六月一日に、宮中で氷の節会《せちえ》が行われ、氷室《ひむろ》の氷を群臣に賜ったことに因むとされます。こう考えると「水無月」は、水無月祓いと氷の節会という二つの行事を象徴しているようにも思えます。

氷の節会で触れた氷室とは、山陰に穴を掘り、真冬に取った氷を貯蔵する室のことで、その歴史は古く『日本書紀』にも記述があるほどです（仁徳天皇六十二年）。能の演目にも、氷室守の老人や氷室明神が現われる「氷室」があるように、長い間、氷は献上品にもなる貴重品でした。いつでも手軽に冷蔵庫から氷を取り出せる現代では理解しにくいことですが、当時は宝物のように、大切に扱われていたのでしょう。

時代は下って江戸時代にも、氷室の節句として、大名が将軍に氷を献上したり、氷餅*を食べる習慣がありました。正月の歯固めの行事同様、固いものを食べて、長寿を願ったのでしょう。この氷餅は、凍らせた餅、あるいは粉末にした糯米を蒸して搗き、凍結乾燥させたものを指したようです。宮中では、女房詞で「こおりかちん」といいましたが、民間では、霰餅《あられもち》（餅をさいの目に切り、乾燥させたもの）や炒り豆を使っていました。

こうした風習も今ではなくなりましたが、「水無月」の形の由来に名をとどめるだけでなく、「氷室」として和菓子の名前にも使われています。特によく知られるのが、丸めた白餡の上に小さな赤い三角形の生地を置き、葛種で包んだ葛饅頭でしょう。半透明の葛生地から透けて見える三角形が、氷室の氷というわけです。裏千家の今日庵八世一燈（一七一九〜七一）好みとしても伝えられ、涼しげな意匠から現在も夏の茶事に使われます。雪や雲などにくらべ、氷の意匠は少ないものですが、菓子では三角形で抽象的に表わす点、なかなか独創的といえるでしょう。

なお、干菓子の例では、砕いた氷を意匠化した「割れ氷」（新潟県）や「薄氷《うすごおり》」（富山県）などが現在作られています。また、江戸時代には、「氷焼」という菓子があったとか（『雍州府志』）。これは白い軽焼せんべいのことで、煎餅をかみ砕く音が氷を踏む時の音を思わせた？　のかもしれません。

「水無月」にはじまって、氷に因む冷たくないお菓子をあげてみましたが、氷に寄せる人々の思い入れがあってか、なかなかの創意や詩情を感じさせます。たやすく氷が手に入る現代では思いつかない発想があるようですがいかがでしょうか。

＊現在、氷餅は東北地方の名物になっています。小豆やよもぎ、黒胡麻などを混ぜた餅を薄く切り、冬の寒気にさらしたものや、花鳥や魚貝の形にした団子や餅を凍らせるものがあります。

一方、菓子の材料として使う氷餅は、糯米の磨砕液《まさいえき》を作って煮た後、型に流して、外気で凍結、乾燥させるもの。粗びきすると霜柱をくずしたような剝片《はくへん》状になり、霜や雪を思わせるのが特徴で、菓子の表面につけるまぶし粉として使われます。江戸時代には、氷砂糖を砕いて細かくした氷おろしを菓子の表面につけ、霜に見立てていました。

故郷への想い——高麗餅・朝鮮飴

日本と朝鮮半島の歴史を物語るような、高麗や朝鮮の名がついた菓子があるのをご存じでしょうか。食べながら、日本史を学び直す楽しみもありそうです。

◎ 高麗煎餅・高麗餅

高麗《こうらい》とは九一八年から一三九二年まで存在した朝鮮の王朝のことですが、日本では、長い間、朝鮮半島のことを高麗と呼び習わしていました。そのため、朝鮮経由の渡来物には「高麗」の冠詞がつき、高麗錦《こまにしき》、高麗縁《こうらいべり》(高麗錦の畳の縁)、高麗茶碗などが珍重されました。

高麗煎餅　鳥居清経・清満
東京国立博物館

さて、菓子では、高麗煎餅《こうらいせんべい》と高麗餅《こうらいもち》がその名をとどめるもの。高麗煎餅は、小麦粉を砂糖などと混ぜ、水でこねて蒸し、薄くのばして型で抜いて焼く煎餅で、現在いう瓦煎餅のようなもの。江戸時代の料理書『萬聞書秘伝《よろずききがきひでん》』（一六五一）や『合類日用料理抄《ごうるいにちようりょうりしょう》』（一六八八序）に製法が出ており、高麗煎餅を売る店を描いた浮世絵が残るほど流行《はや》りましたが、残念ながら現在では市販されていないようです。

一方の高麗餅は、鹿児島名物として健在。「これもつ」「これもち」とも呼ばれ、冠婚葬祭に使い、特に法事菓子では主役級と聞きます。うるち米粉と餅粉（糯米の粉）に小豆餡（黒砂糖風味が多い）を混ぜ、目の粗い裏ごしに通し、そぼろ状にした種を蒸籠《せいろう》に入れ、蒸して作りますが、材料や製法は家庭によって多少違いがあるもの。いずれにせよ、生地がホロホロとして、かみしめるほど味わい深いのが特徴です。この高麗餅は慶長三（一五九八）年、豊臣秀吉の朝鮮出兵の折、島津義弘によって、朝鮮から連れ出された陶工たちが作り始め広まったとのこと。朝鮮から飛来したという岩をご神体としてまつる、玉山神社の祭りに使われたと伝わります。

南日本新聞社編『かごしまの味』によれば、植木鉢に似た蒸し器で蒸した高麗餅の真ん中に玉串をたて、朝鮮古来の衣裳の神主がその餅を片手でかつぐようなしぐさで舞いながら、白米を広げた大きな竹のバラの中に、掛け声とともに餅をひっくりかえし、表が出れば吉、裏が出れば凶と占ったとか。この記述から、当時は、今のようなやわらかなそぼろ状ではなく、粉の配合が多い固めの食物であったとも考えられますが、時代とともに日本人の口にあった菓子へと変化したのでしょう。

因みに本州では、この高麗餅に似た製法の菓子を、そぼろの形状から、詩情豊かに「村雨《むらさめ》」や「時雨《しぐれ》」または「湿粉《しっぷん》」と呼んでいます。

◎朝鮮飴

朝鮮つつじ、朝鮮土賊《とくさ》、朝鮮あざみのように、朝鮮在来の植物には、朝鮮の冠詞がつきますが、和菓子の朝鮮飴は日本産。熊本城主の加藤清正が、文禄・慶長の役（一五九二〜九八）で朝鮮出陣の折、携帯食料として持参したところ、日保ちが良く、大いに役立ったため「朝鮮飴」と命名したと伝えられます。朝鮮飴は糯米の粉に水飴と砂糖を加えた求肥の一種で、口当たりもなめらかで食べやすく、「長生飴《ちょうせいあめ》」「肥後飴《ひごあめ》」とも呼ばれ、熊本名物として親しまれています。

さて、高麗餅・朝鮮飴には、由来となる背景に朝鮮侵攻という忌まわしい事実がありますが、その一方で、日本と朝鮮の間に、食をめぐる交流があったことも注目したいところ。江戸時代に来朝した朝鮮通信使の饗応がそれで、献立の記録は、近年の研究対象になっています。*

朝鮮通信使とは、将軍の代替わりの祝賀や世継ぎ誕生の祝いなどに来日した使節で、慶長十二（一六〇七）年に始まり、文化八（一八一一）年を最後として十二回に及んでいます。その一行の人数は、少ない時で三百人でしたが、時には、学者、医者、画家も加わって、五百人にのぼることもありました。

通信使は、対馬から江戸への道中（最後の回は対馬どまり）、各地で日本食の饗応を受けました。身分の差によって料理の種類も違いましたが、三使（正使・副使・従事官）と上々官は、朝食、夕食ともに七五三の饗応、つまり、本膳に七種、二の膳に五種、三の膳に三種のご馳走が出た次第。昼食は五五三ですが、いずれにしてもかなりの量です。

「御菓子」としては、羊羹、カステラ、饅頭、雪餅、うつら餅（鶉餅）の名が献立記録に出てきます。また、饗応の献立以外にも菓子が贈答品として使われました。

たとえば、寛延元（一七四八）年六月二十八日、通信使たちが淀より乗船した時に

朝鮮通信使　長崎県立対馬歴史民俗資料館

は、三使に大きさ三尺（約九十センチ）四方の白木の檜折《ひのきおり》と、長さ一尺五寸、横一尺の三重の杉重箱が下されています（『通航一覧』）。中身の内訳は、檜折に三ツ懸の饅頭九百、重箱の上の重に鶉の焼鳥、蛸の酒煮、椎茸、薯蕷《じょうよ》などの酒肴、中の重に花ぼふる、かすてら、菊輪糖、あるへひ糖（有平糖）、そして下の重にいが餅、きんとう餅（きんとん）。三使だけでなく、上々官、長老、通詞にも、それぞれ、饅頭や羊羹、酒肴が折や重箱詰めで出ていますので、歓待ぶりがうかがえます。こうした異国の菓子を通信使たちがどのような思いで味わったのか、気になります。一般に朝鮮の菓子は、油で揚げた菓子やおこし、落雁のような押物が多く、生菓子の形や口あたりは珍しかったことでしょう。

朝鮮通信使の使命は、日本の文人との交歓でもあり、酒をくみかわし、様々な問題について話しあう場も多かったといいます。記録には残っていませんが、菓子を含めた食べもの談義に花が咲くことも時にはあったでしょう。高麗餅や朝鮮飴の話題も出たでしょうか。興味を覚えます。

＊高正晴子「江戸時代の朝鮮通信使の記録」『食』30　健康食品株式会社　一九八八年

すはま金つば談義

◎すはまとすあま

「は」と「あ」の違いとはいえ、「すはま」と「すあま」は、全く違う菓子。最近は混同されることも多いため、重箱の隅をつっつく意地悪婆さんよろしく、この章ではちょっとこだわってみましょう。

まず、「すはま」ですが、これは本来、州浜《すはま》あるいは洲浜と書く棹菓子のこと。水飴、大豆粉*、白砂糖を練りまぜて生地を作り、棒状にして州浜形に整えることから名前がついたもので、京都の丸太町通りにある植村義次《うえむらよしつぐ》（一六五七創業）が今なお昔な

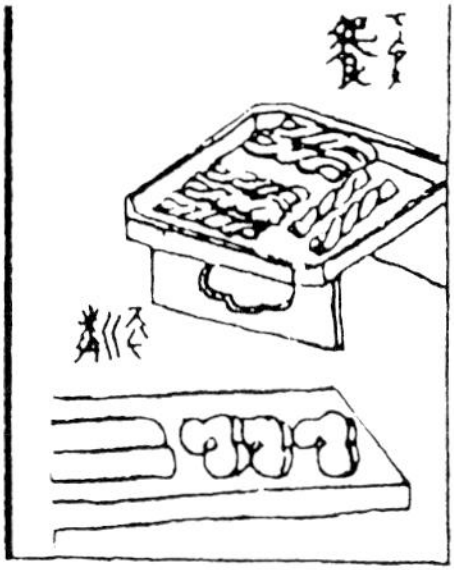

豆飴（すはま）
和漢三才図会

がらの形や味わいを伝えています。

州浜形とは、浜辺の入り組んだところを上から見下ろしたように意匠化したもの。古来この州浜形を模した島台に、蓬莱山《ほうらいさん》や木石、花鳥などの景物を置いて、儀式・饗宴の盃台や飾り物としたため、州浜の形は吉祥的意味合いで使われるようになりました。江戸時代には、三つ輪を組み合わせたような州浜形が文様として定着し、着物や工芸品の意匠として好まれました。

和菓子の「すはま」もこうしたすはま文様の人気に負うところが大きいでしょう。『嬉遊笑覧』には「すはまは洲浜にて其形によりての名なり。もと飴ちまきなり。麦芽大豆を粉にしてねり竹皮に包みたる物なり。又豆飴ともいふなり」とあり、形から「すはま」の名がついたものの、かつては飴ちまきや豆飴の別称があったことがわかります。菓子製法書の『古今名物御前菓子秘伝抄』にも豆飴として、白大豆の粉を水飴でこねて州浜形に作ることが記されています。後にこの縁起のよい形が広まったことから、「すはま」の名の方が定着したのでしょう。

このような経緯から形が州浜でなくても、大豆粉を原料とした生地であれば、「すはま」の名が使われます。その代表が、京都の土産品売り場でよく目にする「すはま団子」。大豆粉の香りが香ばしい小さな団子で、三個一組で楊子に刺したものが、箱入りで売られています。黄褐色、紅、緑と三色にし、花見団子の風情ですが、表面に餡ドーナツを思わせる双目糖《ざらめとう》がつき、濃茶《こいちゃ》にあいそうなこってりした甘味が特徴です。また、「すはま」の中でも、青大豆の粉を使う生地では、ひさごや枝豆、早蕨《さわらび》の形が作られます。

　さて、この「すはま」が時には「すあま」と呼ばれますので、混同が生じます。というのも「すあま」（素甘）という別の菓子も存在しているため。こちらの素甘は昔ほど見かけなくなりましたが、蒸した上新粉に砂糖を混ぜ、搗いて作った餅状の菓子で、紅白にして祝事に用いたりします。いわゆるしん粉餅を指し、鳥の子餅の名で作られることもありますが、簀《す》で巻いて周囲にぎざぎざをつけた形も見られます。名前に素の当て字を使うことからも、素っ気ない甘さ、飾らない素朴な甘味を意味したのでしょう。「すあま」のやわらかい響きには、甘味をいとおしんだ人々の心が宿っているようです。

すはま形（家紋）

江戸時代の金つば再現

◎金つばと銀つば

こちらのそっくりさんは、一字違いとはいえ、一方が自然消滅し、幻の菓子になってしまっているので間違えることはないでしょう。

ご存じ金つばは、刀の鍔に似ていることから名前がついた焼菓子。本来は丸形で、表面に指で押し跡をつけ鍔に見立てていましたが、現在では小麦粉を水ときした生地で、四角にした固めの小豆餡を包み、鉄板で焼いたものが一般的です。夏目漱石の『坊っちゃん』に、ばあやのきよが「自分の小遣で金鍔や紅梅焼を買ってくれる」とあるように、下町感覚漂う、庶民の人気菓子の一つと言えるでしょう。

金つばの歴史は、

さすが武士の子金鍔を食ひたがり（柳多留一一二39）

太平喜餅酒多多買　手前が金つば（吉田コレクション）

の川柳があるように、江戸時代に遡りますが、金つばが江戸で生まれる前に、京都で銀つばなる菓子が作られていました。京都地誌の『雍州府志』（一六八四序）に、うるち米の粉の生地で赤小豆並びに砂糖餡を包み、表面を焼くとの記述があり、丸形から銀つばの名がついたと伝わります。つまり、銀つばは金つばの前身というわけですが、江戸っ子は銀より金を好んだため、あるいは上方の銀遣《ぎんづかい》（銀貨幣主体）に対し、江戸では金遣《きんづかい》（金貨幣主体）のためか、金つばの名で売られるようになり、大いに流行しました。**

四角い形が主流になった現在も金つばの人気は相変わらずで、中身の餡も様々に、芋金つば、栗金つば、バナナ金つば、カボチャ金つばがあるほど。新しい銀つば（たとえば、中身を白餡にするとか？）を復活させて金銀セットで売り出すのもおもしろいかもしれません。

＊ 大豆を焦げないように煎って、外皮を除き、粉末にしたもの。黄な粉ほど完全に焙煎していません。

＊＊ 現在も丸形の金つばを作られている株式会社榮太樓總本鋪社長細田安兵衛氏は、金つばの由来について、次のような逸話を紹介されています。

「江戸時代、ある大名が刀鍔師に金無垢の鍔を作るよう命じたが、その鍔師は、中を鉛にし、外側だけを薄く金で包んで作り、これを納めた。しかし、大名に偽物と見破られ、鍔師は打ち首になった。この偽金鍔事件に因み、小麦粉の種で餡が外にはみださないようにごく薄く包み、鍔形にして、焼く、あるいは蒸した『金つば』なる菓子が売り出されたという……」

出典は不明ですが、銀つば亜流説よりも江戸で生まれた金つばの由来にふさわしく、製法上からも、真実味があるのではとのご教示です。

古式ゆかしい吉祥菓子

慶事に使う菓子は、名前の響きも縁起よく、意匠もおめでたくあってほしいもの。松竹梅や鶴亀が、古式ゆかしいお決まりの吉祥意匠ですが、ここでは機知に富んだ発想がおもしろい、おめでたい菓子の特集です。

◎ おめで糖

贈り手の気持ちをそのまま菓銘にした「おめで糖」は、赤飯を見立てた蒸菓子。薄紅に染めた餡を、そぼろ状にして型に入れ蒸し固めたもので、小豆が点在する様はお赤飯そっくりです。

慶事の菓子

そもそも赤飯の起源は古く、古代、神饌に使われた赤米に始まるとも伝えられます。赤を生命の象徴と見る古代信仰の表われか、赤米は招福除災の意味があるとされました。このため、地方によっては現在でも祝儀に限らず、不祝儀に赤飯を配る風習が残ります。

和菓子の「おめで糖」は、その名が示すように祝儀専門。考案者が誰かはわかりませんが、市販されるのは大正時代の頃でしょう。当時の製法書の『日本菓子宝鑑《にほんかしほうかん》』（一九一六）は「御芽出糖《おめでとう》」として、赤飯の色・形をまねたおこしを紹介しています。夏場には赤飯がすえやすく、敬遠されたことも代用品の和菓子を生んだ要因になったようです。

◎愛敬餅《あいきようもち》

「男は度胸、女は愛嬌」「愛嬌のいい人」など愛嬌は、にこやかな親しみやすい可愛らしさを意味する言葉。この愛嬌と同義の愛敬の名前を使った餅があるとは、聞くからにほほえましいもの。といってもこの場合の愛敬は、男女間の濃やかな愛情、夫婦和合の意を表わします。現在ほとんど使われない意味合いですが、小笠原流による近世の貴人の婚礼では、新婦が襟にかけて夫婦和合の印としたお守りを「愛敬の守り」といい、結婚後三日目に新夫婦が食べる祝いの餅を「愛敬餅」（三日夜《みかよ》の餅）と呼びました。

愛敬餅は、白一色または紅白のふつうの餅で、御伽草子《おとぎぞうし》の『物ぐさ太郎』には、情けある人が、不精者の物ぐさ太郎に「愛敬の餅を五つ、いかにひだるかるらん（ひもじいだろう）とて得させければ」と見えます。現在の子供向けの本には、餅や団子でいいかえられているわけですが、この餅の一つが転がって、殿様の目にとまったことから、物ぐさ太郎に幸運がまいこむ筋を考えると、「愛敬の餅」の名が使われていることに深い意味がありそうです。

現在も「愛敬餅」の風習は、関西ほか地方の旧家に残っている由。宮中では「三日夜の餅」の名で作られています。

◎ 蓬萊山

蓬萊山とは、中国の神仙思想で説かれる不老不死の理想郷。東方の海中にあり、松竹梅が生い茂り、鶴と亀が遊ぶ山です。

この伝説は、日本にも平安時代には浸透し、蓬莱、蓬莱飾りの名で、蓬莱をイメージした飾り物（島台）が祝儀や酒宴の贈物に用意されました。また、関西では、正月飾りとして、三方《さんぼう》の上に昆布、橙、ほんだわら、搗栗《かちぐり》ほかを並べたものを蓬莱飾《ほうらいかざ》りと呼んでいます。

蓬莱山は、和菓子にも取り入れられ、紅、黄、紫、白、緑の五色の餡が入った小饅頭をいれた大饅頭で見立てられます。中心で切れば、中の小饅頭も半分に分けられ、五色の餡の色が目に鮮やか。蓬《よも》が嶋《しま》や子持饅頭《こもちまんじゅう》とも呼ばれ、その華やかさから、結婚式の引出物や出産祝いに利用されます*。

また、饅頭ではなく、彩り豊かなそぼろ状のきんとんで作る店もあります。

◎ 大福

二十四時間営業のコンビニでも買える大福をおめでたい菓子にいれるのは、ちょっと気が引けますが、よくよく見るとこの字面は、まさに究極の幸福を表わしているのではないでしょうか。大きな福の固まりを菓子にした発想はなかなか心憎いものです。

さて、今では誰でも知っている大福ですが、もともと「大いに富んで福の多いこ

蓬が嶋

と」の意味があり、「大福者」、「大福長者」といえば、大金持ちを指しました。商家で日々の売り上げを記入した台帳も、福分を祝う意味で「大福帳」と呼びました。小豆の餡を餅皮で包んだ菓子には、「腹太餅」「鶉餅」の名もありましたが、小ぶりになり、おめでたい「大福」が定着したようです。

大福へ紅がらで書《かく》いせやの賀（柳多留七四37）

かつては、祝儀の折、大福に紅で「寿」の一字を書き、親戚に配ったりしました。現在このような風習はありませんが、大福は庶民のおやつとして、全国各地で作られています。餅皮に豆を混ぜた豆大福や、餡の中に苺をいれた苺大福、和洋折衷でチョコをいれたチョコ大福など、新種の大福も登場し、福もいろいろあるようです。

＊虎屋の『御用御菓子御直（値）段帳』には、宝暦十二（一七六二）年、時の摂政近衛《せっしょうこのえ》内前公《うちさきこう》より、「蓬可嶋《よもがしま》」（蓬が嶋）の銘を頂戴した旨が記されています。当初は、五色の餡饅頭でなく、白小豆の小倉餡の小饅頭を二十個入れていました。

栗菓子こと始め

長野県小布施は、栗菓子で名高い地。栗の果肉を潰して寒天と練り込む栗羊羹、糖蜜で煮た栗と栗餡をあわせた栗かの子、栗風味（エンドウ豆製）の落雁などを代表として、栗の名を冠した菓子が各店で作られています。

また、小布施は、文人としても著名な信濃の豪農、高井鴻山《たかいこうざん》の招きに応じて、かの有名な浮世絵師、葛飾北斎《かつしかほくさい》（一七六〇〜一八四九）が、晩年何度か滞在したところとしても有名。小布施駅近くの北斎館では、二基の祭り屋台の天井に描かれた怒濤図や鳳凰図などの北斎の作品が見もので、圧倒させられます。このほか、あかりの美術館やミニぎゃらりーなど、目の保養となる憩いのスポットがいくつかあるのも特色でし

栗菓子

ょう。お昼に栗おこわ、おやつに栗あんみつ、お土産に栗菓子というぐあいに食べる楽しみと組み合わせた観光ができるのが魅力です。

小布施のように栗が一つの観光資源になるのは、万人に愛されるその味わいに負うところが大きいでしょう。和菓子の栗蒸羊羹、栗きんとん、栗饅頭に限らず、洋菓子でもマロングラッセ、モンブラン、マロンタルトなど、栗菓子の種類は多いもの。白いクリームにも小豆色の餡にもあう黄金色、そしてどんな素材とも調和し、美味しさを引き立てる風味の良さは、ほかの果物では代用できません。

特に和菓子の場合は、栗が秋の季語になっていることが、より情趣を感じさせるところ。栗蒸羊羹などは一年中見かけますが、栗製品が菓子屋の店頭を飾るのは、やはり秋ならではの光景です。

栗拾ひねんねんころり云ひながら　小林一茶

考えてみると、日本人の食生活と栗とは、つながりの深いもの。遠く縄文時代の頃から、栗は胡桃や団栗、栃の実などと同様に貴重な食料源でした。『万葉集』でも山上憶良《やまのうえのおくら》は「瓜食《は》めば子ども思ほゆ　栗食めばまして偲はゆ……」と詠んでいます。

平安時代には、諸国から朝廷に貢進する食物の一つとして使われ、武将の間では、

栗粉餅・栗鹿の子・栗蒸羊羹

出陣及び勝利の祝いや正月の祝儀などに、搗栗が用意されました。搗栗とは、干した栗の実を臼で軽く搗き、殻と渋皮をとったもの。「搗」が「勝」に通じることから、縁起を担いだわけです。

　茶道の興隆する安土桃山時代には、茶会の菓子としても栗が好まれ、焼栗、水栗（一説に水漬けした栗）*、打栗などが使われました。焼栗については、狂言にも、太郎冠者が栗焼きを命じられ、あまりの美味しさに一つまた一つと食べ尽くしてしまう「栗焼」があり、庶民の生活に浸透していた食べ方だったようです（甘栗をついつい食べすぎてしまう我が身を思い出してしまいますが……）。

　さて、この頃になると、栗菓子の原点ともいえそうな栗の加工品が文献にも登場します。その名は栗粉餅《くりこもち》。栗羊羹、栗きんとんなどが江戸時代後期に作られる前に、栗粉餅なる栗製品があったことは意外に知られていません。さて、栗粉餅とはどんな菓子だったのでしょうか。

栗粉餅は、『松屋久政茶会記《まつやひさまさちゃかいき》』の天正六（一五七八）年九月十八日の条に「クリ粉ノモチ」と見える記録が古く、文字どおり、栗の粉をまぶした餅のことです。現在では聞き慣れない菓子名ですが、当時は風味の良さが人気を博したのか、『日葡辞書』にもCuriconomochiとして記載されるほど知名度がありました。同書には、「栗の粉を上にかけた餅」の意が出ており、どこでも見かけるような素朴な食物だったと思われます。ポルトガル人の宣教師も信者に栗粉餅をふるまわれ、舌鼓を打ったことがあったかもしれません。

また、江戸時代には西洞院《にしのとういん》や本阿弥《ほんあみ》辻の餅屋の栗粉餅が逸品だったようで（『雍州府志』）、京都では商う店もいくつかあったことがうかがえます。菓子製法書の『古今名物御前菓子秘伝抄』にも「栗を煎り、上皮を去、しぶ皮をとり、こまかにきざみ、つもし（津も子・麻糸で織った目の粗い織物）にてとをし、（通）あたたかなるものに付申候」と「栗の粉餅」の詳しい作り方があり、いかにもおいしそう。ほかにも栗を煮て皮をむき、すり鉢ですってから餅につける製法（『四季料理献立』）があり、現代でも家庭で手軽に作れそうです。なお、『守貞漫稿』によれば、東海道の駿河（静岡県）の岩淵村では、栗粉餅を名物として売っていたとか。小さな餅に干栗を粉にしてかけたもので、鄙びた味わいだったようです。

このように江戸時代にはかなり知られた栗粉餅でしたが、今ではすっかりなじみの薄い菓子になってしまいました。現在、生菓子として一部の菓子屋で作られていますが、餅で餡を包み、その上に栗餡をそぼろにしてかけるなど、凝ったものに変化しています。昔ながらの栗粉餅はというと、岐阜県中津川のものでしょうか。日保ちがしないため、現地以外ではなかなか味わえないのが残念。といっても、味見をしてみたい方は自宅で試してみてもよいのでは？　栗菓子の原点を再現し、古を偲ぶには、自ら作るのが一番良いかもしれません。

＊食事中に毒消しのため生栗を出す朝鮮の習慣に倣ったものと考えられています。

戴餅、分身の術

「やった！　これはいただき！」と早い者勝ちで食べるから、戴餅《いただきもち》というわけではありません。変わった名前に聞こえますが、本来は、その由来も平安時代に遡る由緒ある行事食なのです。

『紫式部日記』や藤原道長の華麗な生涯を描いた『栄華物語』にも登場するこの戴餅は、子供の幸福を願って用意されるもの。生後百二十日目の食初《くいぞ》めの時や五歳までの正月元日に、餅を子供の頭上に三度触れさせて「官位かたかれ（確かに）、命幸かたかれ」などの前途を祝う言葉を唱えたといいます（『桃華蕊葉』）。つまり、この場合の「いただき」には、頭の頂きや「授かる」の意味があるのでしょう。今も昔も変わら

戴餅

ない子供思いの教育ママパパぶりが想像できて苦笑してしまいます。

江戸時代の『嘉良喜随筆《からきずいひつ》』（一七五〇頃）によれば、この餅は、下から小中大の大きさにして三段重ねるもので、大根と橘を添え、片木《へぎ》にすえて出した由。今ではすっかり昔のしきたりになってしまいましたが、地方では、生後五十日目の子供に餅を背負わせて祝うなど、戴餅の名ごりともいえる風習が残っています。

また、戴餅には、上新粉の餅を丸く平らにして中央部をくぼめ、小豆餡をのせた形もあります。蓮の形に見立てて、四月八日の灌仏会《かんぶつえ》に仏様に供えられたもので、現在でも一部寺社で作られ、宮中では小戴《こいただき》の名で皇族方のお誕生祝いに用いられます（宮中には賢所《かしこどころ》へのお供え用に作る小戴*もあります）。

ところで戴餅は、これ以外にも形を変え、別の用途で使われているのですから話はややこしく、タイトルの「戴餅、分身の術」とあいなるわけです。前述した戴餅以上によく知られているのが、「こいただき（小戴）」あるいは、「いただき（戴）」とも呼ばれる三月三日の雛祭りに食べる節句菓子でしょう。しん粉餅を丸く平たくして、小豆の餡を少しのせたもので、餡を戴いている餅の意になりますが、地域によっては、中の小豆餡を餅やそぼろ餡にし、「あこや」（真珠貝の見立て）、「引千切《ひっちぎり》**」（作る時に手

あこや

でひきちぎったあとを残すため）と呼びます。

雛節句の菓子として食べられるようになるのは、江戸時代後期でしょう。『守貞漫稿』には、「京坂にて初年には、右の菱餅を贈り二年目よりはいただきと號《なづけ》て米の新粉を楕円形に扁平し聊《いささ》か凹にして一方につまみたる形を付け、凹の所に砂糖入りの赤豆餡を付け是を重筥《じゅうばこ》に盛り配るを普通とす　江戸には此物小形也　涅槃会《ねはんえ》に供し今日不レ用レ之」として、楕円形の戴餅の略図が出ています。同書でうかがえるように、かつては涅槃会にも使われましたが、今日見るように雛菓子として関西地方で定着したようです。

この「いただき」と同様の菓子が、『古今名物御前菓子秘伝抄』に見える「こひたゝき」になります。中の小豆に砂糖ではなく、塩を少しいれるのは、当時の砂糖の消費量を反映しているのでしょうか。「小戴」に同じかと思いますが、後年の『古今《ここん》新製菓子大全《しんせいかしだいぜん》』（一八四〇）には「鯉叩」の当て字で出ていますから傑作です。この編集者は菓子についての知識不足で「こひたゝき」の意味がわからなかったのでしょう。菓子史に残る誤植事件になりそうです。

さて、本来、「いただく」には、もらう、たまわるの意味があるためか、紛らわしいことに「子戴餅」なる餅も存在しました。江戸時代の有職故実書『貞丈雑記』によれば、子戴餅は産立《うぶたち》の祝い、つまり、産土《うぶすな》に供える七夜祝いの五色の餅のこと。白は米の粉、黄は豆の粉、青はユズの葉の粉、黒は胡麻、赤は小豆の粉を使った餅で、鶴などを作って表面を飾り、下に松葉や笹を敷き折などに盛るものでした。

だんだん話が込み入ってきましたが、しめくくりに、戴餅を用途別に分類してみましょう。

①子供の祝い——戴餅
②灌仏会——戴餅
③宮中——小戴　1、誕生日
　　　　　　　2、賢所の旬祭のお供え
④雛菓子——戴餅（戴）・小戴（別名　あこや・引千切）
⑤七夜——子戴餅

このように、用途はそれぞれ違うわけですが、どれも「いただき」の言葉を使うことで神仏の加護に感謝する心が込められているように思います。現在、②と④は別として、どの戴餅も幻と化しつつあるのは、「いただく」なる謙虚なる言葉が忘れられつつある時世を反映しているのかもしれません。

＊ 賢所の旬祭のお供え用の「小戴」は、毎月、一のつく日（一日、十一日、二十一日）の早朝に納められます。この小戴は、餅に漉し餡を包み、細長くのばし、中心をくぼませ、薄く黄な粉をおいたものです。この小戴について記した文献は未見で、いつ頃から作られているか詳しいことはわかっていません。

＊＊ 川端道喜の故十五代著『和菓子の京都』によれば、同店には、明治四（一八七一）年の三月に明治天皇が「引千切」を二百十個お使いになった記録があるとのこと。十五代は、「引千切」の起こりを東福門院《とうふくもんいん》（一六〇七〜七八・後水尾天皇の中宮）在世中の頃とし、女院御所に来客が多いため、いちいち餅を丸めているひまがないので、引きちぎったという由来をあげています。

故人を偲ぶ不祝儀の菓子

慶事に使われる和菓子がある一方、仏事や法事のための不祝儀の和菓子もあります。悲しみを分かち合い、故人を偲ぶ思いは、和菓子の意匠や銘、色にも込められているといえるでしょう。不祝儀の菓子について、ひかえめながらのご紹介です。

◎ 饅頭

葬式饅頭という言葉があるように、饅頭は不祝儀に利用の多い和菓子。慶事では紅白の饅頭ですが、不祝儀の折は、黄白や青（茶）白が使われます。一般には黄はくちなし、青は緑の意から挽き茶で染めますが、なぜ黄白や青白にするかについては定説

檜葉焼饅頭

がありません。古代中国では黄が土、つまり大地の色を意味したり、『古事記』で、死者の魂が行く場所を黄泉《よみ》の国というように、黄色には意味があるのでしょう。黄色といえば、旧暦二月二十八日の利休忌《りきゅうき》に使う黄色い朧饅頭《おぼろまんじゅう》（饅頭の表面の皮をむいたもの）も春の朧月を思わせるやわらかな言葉の響きや色合いから、主に関西地方で追善《ついぜん》の菓子として使われます。

また、檜葉形《ひばがた》の金型をあてる檜葉焼饅も不祝儀用。正確にいえば、シノブヒバ（細く裂けた状態が、シダのシノブに似ている品種）の形を使うことから、しのぶ饅頭の別名があり、故人を偲ぶ意をかけています。そのほか、春日野饅頭《かすがのまんじゅう》、春日饅頭の呼び名がありますが、奈良県の春日大社や春日山に因んでいるのでしょうか。由来ははっきりしませんが、春日山一帯が古来、原生林に覆われた神聖な地で、歌に詠まれることも多く、語感が好まれたことも関連あるかもしれません。*

昔は、葬式饅頭といえば、大きいものと相場が決まっていました。小さい頃、手の平を覆ってしまうような葬式饅頭をもらって、あまりの大きさに驚いた思い出がある方も少なくないでしょう。山本有三作『路傍の石』（一九四一）にも、朝から何も食べていない主人公の吾一が、弔《とむら》い稼《かせ》ぎ（他人の葬式に参列して、引出物をいただく商売）

のおきよにもらった大きな葬式饅頭を美味しそうに食べる場面があります。不謹慎な話ですが、菓子がたやすく手に入らない当時、子供たちにとっては葬式に出る饅頭でも、一種憧れの対象であったことでしょう。

最近では、核家族化の影響もあってか、特別に大きな饅頭を作ることも少なくなりました。日保ちを考えて、ビニールでパックした後、箱詰めする店もあり、葬式饅頭の威厳も過去の話になってしまったようです。

また、法事や仏事に使う饅頭として、石橋幸作氏の『駄菓子風土記《だがしふどき》』（一九六五）には、彼岸饅頭《ひがんまんじゅう》（島根県）、果物饅頭（東北地方）、菊饅頭（福島県）など各地の例が紹介されています。不祝儀用とはいえ、模様をいれたり、花形に細工したり、明るい色合いを使う饅頭もあり、地方色豊か。現在どの程度伝承されているか不明ですが、素朴で暖かみある意匠だけにいつまでも残しておきたいものばかりです。

◎折詰めの引菓子

折詰めの引菓子では、蓮を象ったものが代表的でしょう。蓮は仏世界の象徴で、仏教画や仏具、曼荼羅《まんだら》にもかかせない意匠です。和菓子の場合も同様で、木型を使った

仏事の菓子

白蒸

押物や練りきりなどで、清浄を表わす白の蓮が形づくられます。また、木蓮や蓮の葉、菊、数珠、変わったところでは菩提樹の意匠も見かけます。「御法《みのり》の花」「法《のり》の華」のように、菓銘に、仏の教えを意味する「法」を使うのも特色でしょう。

最近では、仏事にこうした折詰めの和菓子を使うこともまれになりましたが、江戸時代後期にはかなり凝ったものが用意されたようです。『守貞漫稿』には、

江戸にては佛事等の引菓子には上圖の如くなる杉折に煉羊羹半棹　蒸菓子一有平製一　價三匁五分或は四匁許りを麁（粗）とす　美なるもの煉羊羹半棹　白煉羊羹半棹　蒸菓子二色　各一　有平製一を入る　價五六匁也　精粗ともに一斤價六七匁の茶四分の一を小袋に入る　添〻之こと普通とす　蓋《けだし》三都ともに膳部は大に異なることなしといへども右の引菓子に茶を添るを以て京坂より江戸の方一人分四五匁宛の多費となる　蓋江戸にも京坂より倹なる佛事あり　京坂にも江戸より美なる法事あれども大方は右に准ずか　事の費も専ら准〻之て知るべき也

とあります。引菓子に煉羊羹、蒸菓子、有平（有平糖）の三種をそろえるとは、なかなか豪勢。江戸の方がお茶を添える分、京都や大阪より費用がかかったなど、東西では風習の違いがあったようです。蒸菓子や有平糖の色、形については記述がなく、ほ

かの資料でもわかりませんが、おそらく、蓮や松を象ったり、青、茶、白など地味な色のものを取り合わせたのでしょう。

◎白蒸

祝儀の赤飯に対して、関西地方の不祝儀では、白蒸《しらむし》ともいわれる白強飯《しろこわめし》がよく使われます。これは黒豆をいれて蒸した強飯のことで、色合いも黒白になることから不祝儀にふさわしいものです。

◎お華足

聞き慣れない言葉かもしれませんが、仏前に供える餅や菓子などの供物および、供物を盛る台をお華足《けそく》といいます。現在でも京都の寺での大法要では、彩りも鮮やかな落雁や饅頭がうず高く積まれます。こうした供饌《ぐせん》菓子は、インドネシアやタイなど、東南アジア各地にも見られるもの。供饌菓子の系譜として、その分布や内容を調べてみるのもおもしろそうです。

不祝儀の菓子はその用途ゆえか、資料に乏しいのが問題点。各地を調査すれば、まだまだ特色あるものが残っているかと思われます。

＊　たとえば『伊勢物語』『新古今和歌集』所載の在原業平の歌「かすがのの若紫のすり衣しのぶのみだれ限り知られず」を思わせるからでしょうか。

記憶の彼方から

べらぼうやき・野郎餅——珍名菓子

江戸時代には、名前もおかしな菓子がありました。思わず吹き出してしまう珍名に、当時の人々の頓智やユーモアがうかがえます。

◎べらぼうやき

「べらぼうな話だ！」「べらぼうに高い！」

年配の方の会話にたまに出てくるべらぼうなる言葉。ばか、たわけ、あほうを意味するののしり言葉で、これに接尾語がついて音が変化し、江戸言葉の「べらんめえ」となった次第。何とも品の悪い響きですが、菓子にも「べらぼうやき」なる珍名があ

見世物
和漢三才図会

ったのですから気になります。

　この「べらぼうやき」とはふのやき（一九〇頁参照）に胡麻をかけたもので色が黒いのが特徴。『守貞漫稿』（一八五三）によれば、「べらぼうやき　延宝元年見世物にべらぼうと云る異人（外国人）を出す　倣レ之て號《なづ》けし也」とあり、延宝元年、つまり今から三百年以上前の一六七三年に見せものとして登場した外国人に因み、名前がついたことがわかります。現在でも連続ドラマやアニメの主人公が菓子の名前になってしまうように、昔も有名人や芸人の人気を利用して菓子が作られていたということでしょう。

　さて、このべらぼうなる人物は『本朝世事談綺』（一七三四）によれば、寛文十二（一六七二）年、大阪道頓堀に出現（デビュー？）した由。その容貌はきわめて醜く、全身真っ黒で、頭は鋭く尖り、目は赤くて丸く、あごは猿のようで、愚かなしぐさをしては、見物客の笑いを誘ったといいます。

「べらぼう」という言葉もこの男の名（おそらく外国名）からとられたといわれるくらいですから、よほど上方の評判になったのでしょう。ところで、肝心の「べらぼうやき」の方は、その人気をあてこんだ便乗商品だったせいか、寿命は短かったようです。

◎はなくそ（団子・餅）

食べものにこの名前とは！　と絶句しそうですが、実は涅槃会にお釈迦様に供えるあられや小粒の団子のことで、「お釈迦様の鼻糞」という表現もあります。お釈迦様がつくぶん、ありがたみがありますが、本来は、花供《はなく》が変化したものと考えられます。『嬉遊笑覧』（一八三〇序）でも「……はなくそといふは疑うらくは花供の誤なるべし」と記されています。語尾の「そ」があるのとないのとでは、大違い。それにしても人騒がせな名前の菓子です。

◎胡麻菓子

ひところヒット商品になったゴマスリ器を思わせるこの胡麻菓子、別名を「胡麻胴乱《ごまどうらん》」といいました。胴乱といっても最近では聞き慣れませんが、戦国時代には銃丸をいれた容器のことで、江戸時代には、銭や印鑑、薬や煙草をいれた小物入れに変身。腰や肩、手にさげて使うもので、羅紗製《らしゃせい》、革製などがありました。

胴乱　江戸職人歌合

「胡麻胴乱」は、胡麻と小麦粉をあわせて焼いた菓子で、おいしそうに見えても中身がなく、空洞であったため、この名がついたといわれます。つまり、見ばえだけで、実質が伴わないわけで、「ごまかし」という言葉もこの菓子名から生まれたという説があるほど。大田南畝編『仮名世説《かなせせつ》』（一八二四序）では、本郷笹屋の「胡麻胴乱」の名をあげており、名物とする店もあったようです。ごまかされても構いませんので、賞味したいものです（長崎の銘菓一口香《いっこうこう》が近いともいわれています）。

◎野郎餅《やろうもち》

「この野郎」などといおうものなら、「まあ、何てお下品な……」と眉をひそめるご婦人も多

野郎頭　守貞漫稿

いことでしょう。
江戸時代でも「野郎」は、男子の別称で男をののしる言葉として使われていますが、その一方で、前髪を剃った粋な歌舞伎俳優の意味もあり、使用範囲は広いものでした。「野郎双六」といえば、歌舞伎若衆のだて姿を描き並べた絵双六で、「野郎紋楊枝」は、野郎役者の紋をつけた楊枝のこと。「野郎遊び」は、歌舞伎若衆を招いて遊興することで、少々あぶない雰囲気が漂っているよう。

こうしたいいなせで陰りのある「野郎」なる言葉を餅の名前に使ってしまうのですから、当時の言語感覚は理解し難いもの。柳亭種彦《りゅうていたねひこ》の『用捨箱《ようしゃばこ》』（一八四一）にも「さる所のもちや野郎餅といふあん餅を仕出しければ、めづらしき名とてもてはやし大ぶん売れる」とあり、ただの餡餅とはいえ、珍名が受けて流行ったようです。形については不明ですが「野郎頭《やろうあたま》」（前髪をそり月代《さかやき》をした頭）の見立てもあるのでしょうか。あれこれ想像したくなる菓子です。

蔬菜の菓子帖

野菜涅槃図　若冲
京都国立博物館

カボチャ饅頭、にんじん羊羹、茄子の砂糖漬けなど、健康食品ブームを反映してか、最近では、野菜を使った和菓子をよく見かけます。が、意外にも（いや、当然かもしれませんが）すでに江戸時代に野菜を使った健康的な菓子が作られているのですから、歴史はくり返すもの。幻の菓子になってしまったとはいえ、再び復活させれば、大当たりするかもしれません。野菜別にご紹介しましょう。

◎　牛蒡

江戸時代の牛蒡《ごぼう》の菓子といえば、筆頭にあげられるのが牛蒡餅。牛蒡の野趣ある風

味を存分に生かしたもので、『料理物語』（一六四三）の菓子部に見える製法を要約すると、

①牛蒡を湯煮してたたき、すり鉢でする

②もち米六分、うる米（うるち米）四分の粉に砂糖を加え牛蒡と一緒にすり合わせる

③②を丸めて湯煮し、胡麻油であげてから砂糖を煎じてその中へ入れ、煮て出す

という手順です。

多少手間どりますが、植物繊維に富む牛蒡餅（牛蒡団子という方が正解？）は、お酒のつまみにも喜ばれそうです。

また、もっと豪快で飾り気がないのが『古今名物御前菓子図式《ここんめいぶつごぜんかしずしき》』（一七六一）に見える「牛蒡流《ごぼうながし》」。図と製法から想像するに、太めの牛蒡の内側をくりぬき、その穴にうるち米の粉と砂糖液を加え、練った生地（種）を流しこみ蒸すもの。種を挽き茶で着色して緑にするため、牛蒡の茶と彩りはよいようですが、印籠漬《いんろうづ》けにも似ていることから、菓子にしては愛らしさがないかもしれません。

このほか、江戸時代にかかれた絵図帳には、牛蒡の断面が切り口に見える蒸羊羹も

あり、牛蒡がかなり活用されていたことがわかります。といっても、現在は、煎餅の表面に乾燥した牛蒡を押し花のようにあしらったり、新年の花びら餅に使う程度。かつての人気は今いずこという感がします。

◎山芋

山芋（薯蕷）を使った和菓子といえば、鹿児島名物「軽羹《かるかん》」でしょう。ふんわりとした口当たりのよさ、山芋ならではの風味が味わい深いもの。

ところで江戸時代には、この山芋をすりおろさず、丸形や花形に切って蒸羊羹の切り口に見えるように使っていました。「伊勢桜」「月羹《げっかん》」「新野《あらの》の月」など（いずれも『古今名物御前菓子図式』より）、山芋を月や桜に見立てているのですから、その遊び心は見ていいるだけで楽しくなってしまいます。*

◎蓮根

蓮の意匠の落雁は今でも仏事に使われますし、蓮根風味の煉羊羹は地方で作られていますが、ここで触れる蓮根入り蒸羊羹は今や幻。切り口に蓮根の輪切りが見える羊羹で、江戸時代の絵図帳によく描かれています。その名も「水車羹《すいしゃかん》」あるいは「水芝《すいし》羹《かん》」「車輪羹《しゃりんかん》」で、蓮根を水車や車輪に見立てた発想が眼を引きます。

あらかじめ甘煮にした蓮根を羊羹生地の中央に置き、蒸しあげたのでしょう。蓮根のサクサクした口当たりもよく、野趣ある風味と思われますが、現在では地味すぎて商品化できないのかもしれません。

◎ カボチャ

パンプキンパイ、パンプキンプリンなど洋菓子にはパンプキンつまりカボチャを使うものが少なくありません。パンプキン菓子の専門店があるほど、今や女性の人気を集めているわけですが、江戸時代の『古今名物御前菓子秘伝抄』（一七一八）に、カボチャ菓子の元祖というべき「けさいな餅」が出ているのですから意外です。

この「けさいな」なる言葉、意味不明ですが、もとはポルトガル語のQueijada《ケイジャアダ》（チーズケーキ）からきていると考えられます。似た菓子名に「けさちひな」があり、語源から考えると南蛮菓子の一種のようです。

さて、その作り方は、ぼうぶら（ぼうふらではありません。南瓜すなわちカボチャの

御菓子之畫圖　宝永4（1707）年
水芝羹の材料として蓮が使われている

ことで、ポルトガル語のabóboraの転）をゆで、砂糖水を混ぜ、練って餡を作り、小麦粉に砂糖をいれてこねた生地で包み、カステラ鍋で上下に焼くというもの。パイやタルトにはほど遠い味わいと思われますが、カボチャ餡を使った焼菓子というわけです。

当時の人々にとって、この「けさいな餅」という菓子名は、遠く海を越えた西洋文化の香りを伝えるものだったことでしょう。製法からいえば、ぼうぶら餅になりそうですが、やはり、ぼうふらを思い出して、食欲がわきません。カボチャよりパンプキンの方が軽快に響くように、「けさいな」の方が語感もよかったのでしょう。味はなんとなく想像できますが、ぜひ賞味したいものです。

＊ 同様の絵図は虎屋の絵図帳にも残りますが、かつて山芋を使っていた部分を、現在では白羊羹にしています。山芋を入れる場合、蒸羊羹で作るため日保ちが悪くなります。今日の嗜好にもあうかどうか疑問の残るところでしょう。

日本の三珍菓——青ざし・ふのやき・白雪糕

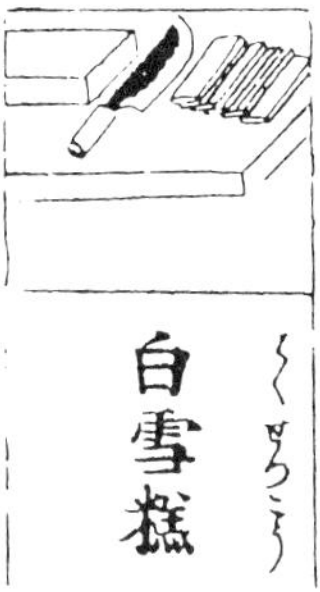

白雪糕
和漢三才図会

幻の和菓子の中でも御三家と呼びたいのが、青ざし、ふのやき、白雪糕《はくせつこう》です。それぞれ清少納言、千利休、良寛など、歴史上の人物と関連が深いのも興味あるところ。菓子の実体は謎に包まれていますが、文献を頼りに想像してみましょう。

◎清少納言（生没年不詳）と青ざし

『枕草子』で知られる平安時代の才女清少納言は『源氏物語』の作者、紫式部のよきライバル。当然、椿餅ほか、唐菓子を口にしていたと思われますが、注目したいのがこの青ざしなる食べものです。『枕草子』二百三十九段で五月五日、菖蒲《あやめ》（現在の菖《しょう》蒲《ぶ》のこと）の節会の当日に「……いとをかしき薬玉《くすだま》どもほかよりまゐらせたるに、青ざしといふ物を持てきたるを……」とあるのが登場場面。江戸時代後期の国語辞書『倭訓栞《わくんのしおり》』（一八三〇〜六二）には「青麦を煎りて臼にて碾《す》れば、縒《よ》りたる糸の如し。因て青ざしと言ふ」とあり、青麦を煎って臼でひいて作る香り豊かな自然食品が想像されます。芭蕉の俳句にも、

　青ざしや草餅の穂に出つらん

とあり、近世まで作られていたようですが、今日では、まず耳にすることのない菓子名になってしまいました。地方に行けばまだ伝承されているかもしれませんが、どこで作っているのでしょう？　知りたいものです*。

◎千利休（一五二二〜九一）とふのやき

わび茶を大成した千利休の時代でも、砂糖はまだまだ高価な輸入品。茶会の菓子も饅頭や羊羹が使われたとはいえ、木の実や果物、昆布などの乾物類が主流でした。さて、当時の菓子の中でも気になるのがふのやきです。ふのやきは、利休の死の前年を中心に約百会の茶会を記録した『利休百会記《りきゅうひゃっかいき》』にたびたび見えるもの。同書の成立

ふのやき

には異論もありますが、利休がふのやきを好んだことはよく知られます。

江戸時代の『雍州府志』（一六八四序）によれば、ふのやきは小麦粉を水で練り、鍋に薄くのばし、焼いた片面に味噌をぬり、巻いた焼菓子。何やらクレープに似ていますが、南蛮物が渡来した当時、西洋の食べものにヒントを得て作られるようになったのかもしれません。おそらく招いた客のために、利休自ら心をこめて作ったことでしょう。

ふのやきは江戸時代にも作られ、『古今名物御前菓子秘伝抄』には同様の製法が出ています。中身の味噌は山椒味噌を使い、きざんだ胡桃、白砂糖、芥子の実をいれるとありますから、香ばしさが食欲をそそります。巻いた形がラッパ状であったためか、傾城《けいせい》（遊女）の間では、「あさがほ」と呼ばれていた由（『色道大鏡《しきどうおおかがみ》』）。

なかなか風流な別名ですが、麹町三丁目の橘屋佐兵衛の店が、ふのやきに餡を包み、助惣焼《すけそうやき》の名で売り出したところ、ふのやきより美味で上品だったため、評判になりました（『続江戸砂子』）。この助惣焼は、お好み焼屋の品書きで見かけるあんこ巻きに近いものでしょう。利休の好んだ昔ながらのふのやきは、現在、市販されていないようですが、茶会の趣向として、亭主の手作りで出されることはあると聞きます。

◎ 良寛（一七五八〜一八三一）と白雪糕

越後に生まれ、出家して諸国を雲水しながら、数多くの和歌、詩、俳句、書を残した良寛。晩年には、国上山《くがみやま》の五合庵《ごごうあん》に暮らし、人々の施しから日々の糧を得ていました。良寛の書状には、餅・酒などを贈られた折の礼状が多数残りますが、死期も近い文政十三（一八三〇）年十一月（推定）には、衰弱の激しさから、滋養に富むといわれた白雪糕を所望する手紙が書かれています。この手紙は、現在、地元木村家所蔵の貼り交ぜ屏風に残っており、「白雪羔（糕）少々御恵たまはりたく候　以上　十一月四日　菓子屋三十郎殿　良寛」と読めます。震えの見える良寛の筆跡の中でも、白雪糕の字がとりわけ哀れげで、心に残ります。

白雪糕は、米粉、糯米の粉、砂糖を混ぜ、押し固め蒸した菓子。ハスの実を混ぜることもあり、

七人目白雪こうで育て上げ（柳多留六五2）

とあるように母乳の代用にもされました。外見は落雁にも似ていますが、落雁が熱処理をした米粉を使うのに対し、白雪糕は、熱を通さない米粉を使い、形作りした後に

白雪糕

蒸すもの。しかし、後に、白雪糕は、落雁と同様の材料を使うようになり、現在では、両者の区別がなくなってしまった感じです。

また『物類称呼《ぶつるいしょうこ》』（一七七五）には、「はくせつかう　仙台にてさんぎぐはしといひ」と見え、仙台では算木菓子《さんぎがし》（切った形が占いに使う算木に似るため。算木餅《さんぎもち》ともいう）と呼ぶとしていますが、この算木菓子は現在の塩竈《しおがま》（糯米の粉に、砂糖、塩、紫蘇《しそ》の葉などを混ぜ、押し固めた棹物）の原形とされるもの。しかし、塩竈（塩釜）も今では熱処理した米粉を使うため、もはや白雪糕とは呼べないのが現状です。

現在、地元新潟県出雲崎町では、良寛にゆかりある菓子として、茶会にもふさわしい上品な「白雪こう」が作られています。昔の名は残されているものの、かつて各地で作られた郷土食ともいえる鄙びた味わいの白雪糕は、幻と化してしまったようです。

青ざし、ふのやき、白雪糕、いずれも各時代にふさわしい素朴なものだけに、贅沢になれた私たちの口にはおよそ合わない菓子かもしれません。しかし、その反面、妙に懐かしく、郷愁をそそる魅力が感じられてなりません。

＊昭和六十（一九八五）年に出版された『奥多摩町誌』（奥多摩教育委員会編）によれば、「青ざしは、麦が色づいた程度でまだ成熟しないうちにその穂をもぎとってほうろくで煎って、臼で挽いて、塩、いんげん豆などをまぜて練り合わせたものです。凶作の翌年など麦の成熟が待ちきれないときのものですが、この青ざしがたべられることになって、始めて今年もいきのびたという実感が沸いたと言います」とのこと。おそらく、昭和に至るまで青ざしは作られていたのでしょう。青ざしを夏の季語に含む歳時記もあるため、現在もどこかで見つけることができるかもしれません。

江戸の人気菓子

菓子の味わいもさることながら、それに付加される物語や噂があれば、より人気は上昇。評判を聞きつけて、話の種に何とか口にしようと、訪れる客も増えていきます。いつの世も変わらない人間の心理ですが、ここでは、江戸時代に一世を風靡した菓子をあげてみましょう。今となっては、その人気も文献でうかがえるのみですから、過去に戻り、ぜひ賞味したいもの。江戸っ子の粋な会話に耳を傾けながらほおばりたい菓子ばかりです。

◎ 笠森団子

笠森お仙　お仙の茶屋
東京国立博物館

笠森《かさもり》お仙《せん》といえば、江戸谷中《やなか》にある笠森稲荷前の茶店、鍵屋の美人娘。その美貌は評判高く、鈴木春信など当代一流の浮世絵師が描くところとなり、人気は鰻登り。歌舞伎の脚本（『怪談月笠森』）や人情本（『笠森のお仙物語』）など通俗文学の題材にもなるほどでした。

さて、看板娘と並び、この界隈の茶屋の名物といえば、笠森団子。笠森を瘡守《かさもり》と解して、笠森稲荷は皮膚病をなおす神社とされたため、治癒を祈る時は土の団子を供え、効果があれば、米の団子に代える風習がありました。つまり、笠森団子は土と米の二種あったわけです。

目出度《めでた》さは土の団子が米になり（柳多留一三四24）

病回復の祈願と評判の美人お仙の人気で、笠森団子もさぞ売れたことでしょう。団子よりもまず、お仙の顔を拝みたいと願った不届き者？　もいたかもしれません。

◎　幾世餅

漫才界で聞いたような名前ですが、幾世餅《いくよもち》は、元禄時代（一六八八〜一七〇四）、西両国広小路の小松屋の幾世が売り出した餅菓子のこと。幾世はもともと吉原の女郎で、橋本町（神田）の車力頭だった善兵衛に身請けされた評判の美人。善兵衛の妻として、餅屋を手伝い、自ら焼いて売った餅が大人気となりました。餅自体は、ざっと焼いて餡をまぶした程度のどこにでもあるようなものでしたが、「両国名物幾世餅の由来」という一席として落語で語られたほど話題を呼びました。江戸っ子の心を打つこの美談は、搗き米屋の奉公人、清蔵が吉原の姿海老屋の幾世太夫《いくよだゆう》に恋いこがれ、ひたすら働いて金をため、幾世を女房にするというハッピーエンドになっています。

ところで、江戸時代の随筆『耳袋《みみぶくろ》』によれば、小松屋の幾世餅が売り出される前に、浅草御門内の藤屋市郎兵衛方で幾世餅が作られていたとのこと。藤屋は元祖を主張して、町奉行大岡越前守《おおおかえちぜんのかみ》のもとへ訴訟をおこしますが、その結果、藤屋は葛飾新宿（葛飾区金町辺）に、小松屋は内藤新宿（新宿区新宿）に移って商売するようにと判決が出ます。結局、見知らぬ土地に出店しても商売にならないので、両店はそのまま同じ場所で、幾世餅を売り続けた由。現代の商標権争いを思わせる事件でした。

◎ 鹿子餅

鹿子餅（一一二頁参照）は、江戸時代より庶民の人気菓子ですが、十八世紀も半ば

契恋春粟餅　三代豊国（吉田コレクション）

頃、嵐音八という役者が始めた店では商品の鹿子餅より、店先に置かれた人形で有名でした（『寛天見聞記』）。

袖なしの羽織をきた坊主小僧の人形がからくりじかけで動くのですから、注目の的でしょう。人形の丈は四尺ばかりといいますから、約一メートル二十センチで、山車に使われるぐらいの大きなもの。ペコちゃん人形やケンタッキー小父さんよろしく、動くマスコットとして可愛がられたことでしょう。

◎ 粟餅

粟餅とは糯米を少し混ぜた粟をよくつき、小さく切って餡を包むか、黄な粉をまぶした素朴な餅。江戸時代には粟餅だけで商売ができるほど流行りましたが、今では、京都北野の天満宮前の粟餅屋が有名なくらいでしょう。関東近辺でも、粟を使った菓子といえば粟ぜんざいぐらいになってしまいました。

さて、江戸時代後期には、珍しい芸当で話題になった粟餅屋が上野山下にあったとのこと。〽ソリャつく、ヤレつく、つく、つく、つく、なにをつく……の歌声をかけながら餅をつき、つき手が杵をほうり投げ、またうけとめてつき始めるなど見物客を楽しませたといいますから、思わず手拍子を打ちたくなってしまいます。そのうえ、つき上がった餅をつかむなり、指の間から同じ大きさの四個の団子を出して、六〜七尺（約二メートル）離れた大皿に投げ入れるのですから、まさに奇術を見るような早わざです。空飛ぶ団子に口をあんぐりさせる見物人の表情が想像できようもの。この粟餅屋の掛け合いは、歌舞伎の所作事にも取り入れられ『花競俄曲突《はなのほかにわかのきよくつき》』、通称『粟餅』の題名がつきました。驚くべきパフォーマンスはありませんが、現在もたまに上演されるそうです。

珍・饅頭づくし

全国各地の名物饅頭といえば数知れず。饅頭人気には根強いものがありますが、ここでは江戸時代に存在したおもしろい饅頭を取り上げてみましょう。現在作っても一般受けは望めそうにありませんが、饅頭の歴史を語る上では、こうした脇役たちにも光をあてたいものです。

◎ 鮓饅頭

『古今名物御前菓子図式』に出てくる鮓饅頭《すしまんじゅう》。すっぱい饅頭と思われるかもしれませんが、さにあらず。求肥飴（求肥）を少し固めに練り上げ、中へ蜜柑の砂糖漬けを

饅頭

すりつぶした餡を包み、一文餅《いちもんもち》（一個一文の安い餅）ほどの大きさにし、煎粉に漬けたもので、酢はまったく使いません。名前の由来については、馴れ鮨を漬けこむ時のように、煎粉に漬けたためではないかとの説あり。つまり、木箱などの底に煎粉を敷いた後、求肥饅頭を並べ、上からまた煎粉をふって軽い重石をかけたのでは？　という解釈です*（当時の鮨は、今日の押し鮨や箱鮨に近いものが主流で、まだ、江戸前の握り鮨は広まっていませんでした）。

一方、時代は遡って『毛吹草《けふきぐさ》』（一六三八序）には、京都名産の一つとして田中（現京都市左京区）の鮓餅の名がありますが、どんな餅なのか実体は不明。江戸時代に「すしを押したよう」といえば、現代の「すし詰め」のように、人や物がたくさんすきまなくはいっていることのたとえになりますので、鮓饅頭＝餡がたっぷりはいっている饅頭？　などとも想像してしまいます。はたして、鮓饅頭、鮓餅はどんな形をしていたのでしょうか。**

◎ 最中饅頭《もなかまんじゅう》

名前のとおり、最中の中に饅頭が入っているとしたら、最中の皮↓餡↓饅頭の皮↓

餡の四重構造になってしまって何だか複雑。甘味が口一杯に広がりそうで、聞くからに食欲のわかない名前です。『江戸買物独案内』（一八二四）には、日本橋の菓子屋、吉川福安、林屋善介の二軒が「最中饅頭」を看板商品にしていますから、実際に作られた菓子であることは確か。

実体が想像しにくいものですが、種を明かせば、この最中饅頭とは現在の最中のこと。最中プラス饅頭ではありませんのでご安心を。

ところで、この最中なる言葉、なぜモナカと呼ぶ菓子の名になったのでしょうか。そもそも最中とは、「最中の月」が略された言葉でした。糯米の粉を水で練り蒸し、丸く切って焼き、砂糖蜜の衣をかけて作る菓子を、仲秋の名月に見立て「最中の月」として売り出したのが始まりといわれます。時は文化年間（一八〇四〜一八）。創製者は江戸吉原廓内の菓子司、竹村伊勢《たけむらいせ》と伝えられ、

吉原は竹の中から月が出る（柳多留六〇28）

と川柳に詠まれるほどの名物菓子になりました。当初は餡なしだったのが、「最中饅頭」として餡をいれるようになり、いつのまにか饅頭がとれて「最中」になったとされます。

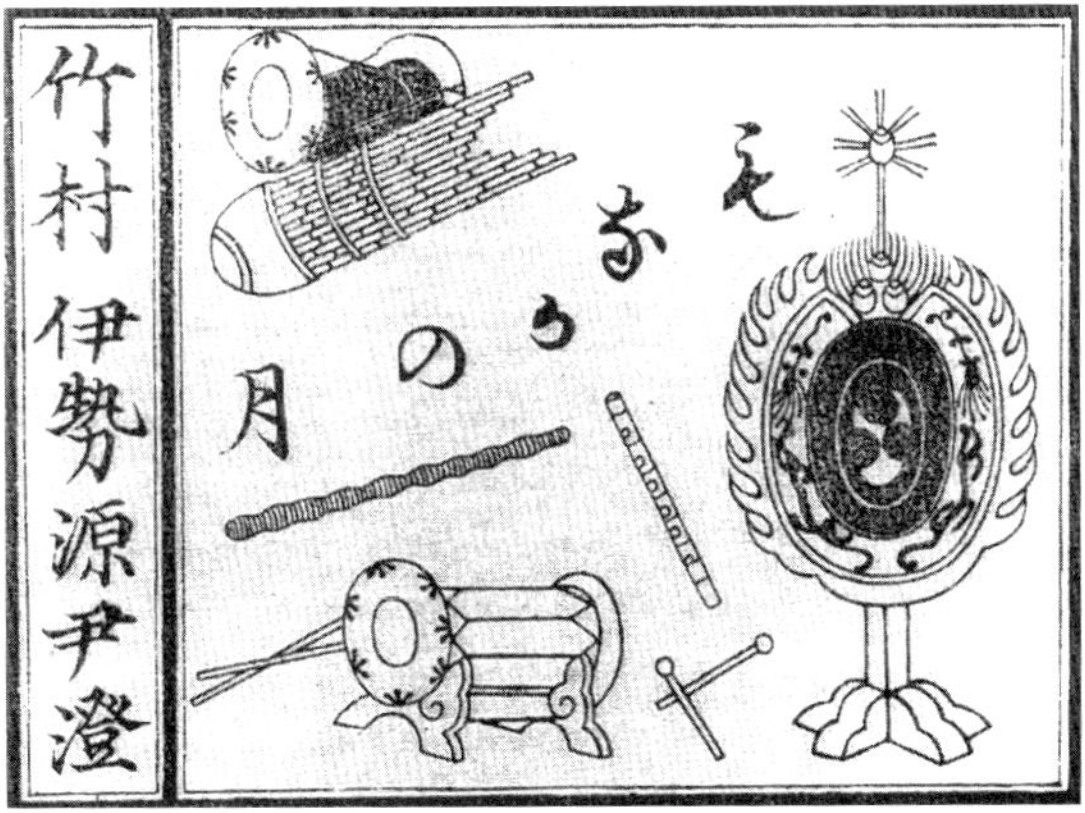

「最中の月」の商標

今では名前も形も様々な最中が全国で作られていますが、意外にも最中を「さいちゅう」と読んでしまう方もいらっしゃるのですから、世の中わからないもの。モナカとカタカナ表示する店があるのも納得できます。

◎饅頭卵

卵饅頭ではなく、饅頭《まんじゅう》卵《たまご》であることがミソ。卵料理の専門書『万宝《まんぽう》料理《りょうり》秘密箱《ひみつばこ》』（一七八五）に出てくる料理の一品です。何とこの饅頭卵、ゆで卵の黄身を捨て、かわりに漉し餡をいれて、饅頭に見立ててしまうのですから、その発想には笑ってしまいます。

作り方は、まずゆで卵に切れ目をつけ、黄身を出して餡をいれた後、切り口に生の白身をぬり、遠火で少し火にあぶって切り口がみえないように配慮。熱湯にしばらくつけた後、紙に巻いて手で丸くにぎりしめ、最後に少し焼き目をつけ、饅頭そっくりにします。つまり、卵が饅頭にみごと変身というわけ。これは味わうというより、食べてびっくり！　という効果を狙ったのかもしれません。一度試してはいかがでしょうか。

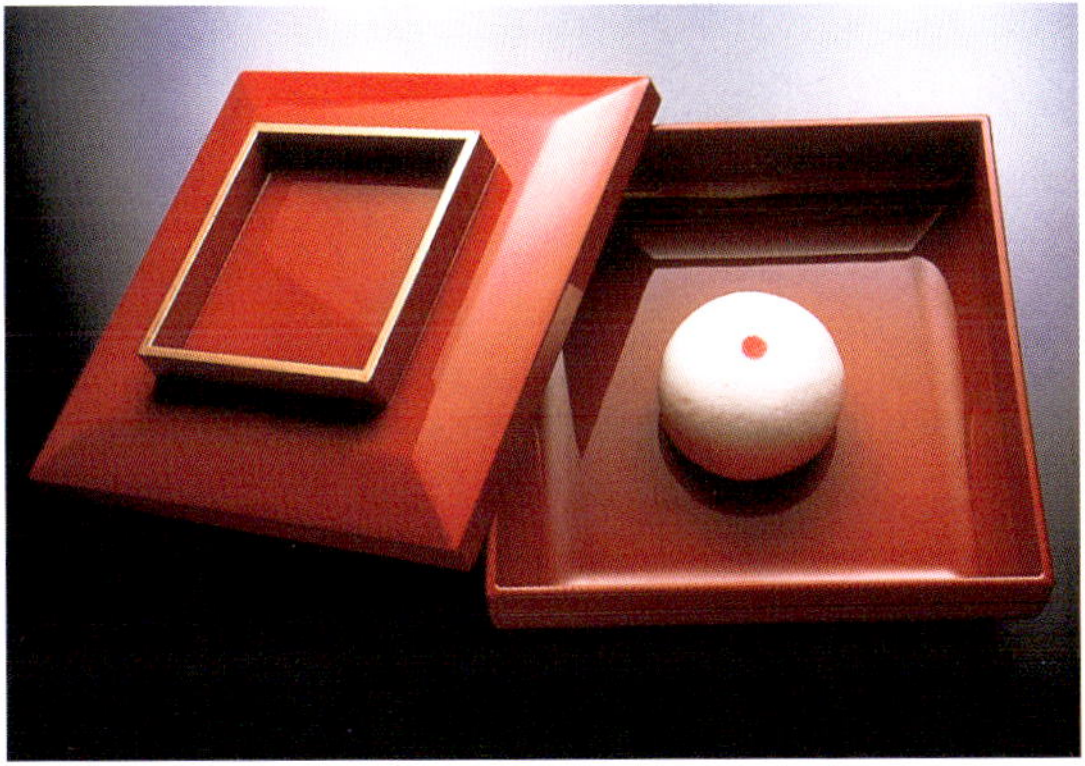

月見饅頭

◎月見饅頭（月見饅）

月見に供える団子ならわかりますが、月見饅頭とは何でしょう。耳慣れない言葉ですが、実はこの月見饅頭は特別の儀式の折に使われるものでした。

現代では奇異に感じられますが、かつて宮中や公家では、旧暦六月十六日に男女（主に女性）の成人（通常十六歳）を祝う月見の儀を行っていました。これは古代の農耕民族の豊饒儀礼の遺風ともいわれる儀式で、この日、成人となった男女は饅頭の中央に萩箸で穴をあけ、月をのぞき見る習わしでした。月見饅頭は、この時使う饅頭で、中央に紅の点があるもの。月見の儀は明治時代に入ると廃れてしまいますが、歴史上の人物では、孝明天皇の妹君和宮（一八四六〜七七）に、万延元（一八六〇）年、月見の儀用として、月見饅頭ほか、大焼き饅頭が納められています。***和宮はこの二年後にあたる文久二（一八六二）年、幕府との公武合体策のため、徳川将軍家茂のもとに降嫁されますが、現代の年齢でいえば十四歳の成人の祝いに、どのように月を見、何を思ったのでしょうか。二年後の自分の悲運を知る術もなく、無心に月をながめていたのかもしれません。白地に紅の点という単純な色かたちとはいえ、月見饅頭には、成人式という通過儀礼に向かう女性の心理が投影されているように思えてなりません。

＊　鈴木晋一訳『古今名物御前菓子図式』の鮨饅頭の解説より（『古今名物御前菓子秘伝抄』教育社新書所載　一九八八年）。

＊＊　虎屋の文政十一（一八二八）年の御用記録にみえる「千歳鮨」は和三盆糖《わんさんぼんとう》（二六八頁参照）を表面にまぶした求肥饅頭です。文政年間（一八一八〜三〇）に生まれたとされる握り鮨に因んだのでしょうか。形状からは、鮨を想像させないだけに、名前の由来は不明です。

＊＊＊　虎屋の安政七（一八六〇・三月に改元）年『大内帳《おおうちちょう》』に和宮様御月見御用の記録があります。大きさについては虎屋の記録に残っていませんが、権大納言東園基量《ひがしぞのもとかず》の日記『基量卿記』の元禄四（一六九一）年六月十六日の条によれば「七寸許《ななすんばかり》」（直径約二十一センチ）とのこと。かなり大きな饅頭であったと考えられます。

人名・菓子づくし

和菓子に名前を残した歴史上の人物をあげてみましょう。残したというよりも、無断で使われたの感があり、本人にとっては、いささか迷惑だったかもしれませんが、偉大な人物を偲び、賛えたいという人々の思いがあってこそ、菓子名になったともいえるでしょう。残念ながら現在ではほとんど作られなくなり、「あの人は今……」式の世相の移り変わりを感じさせるのですが……。

◎ 定家餅

江戸時代の絵図帳や製法書に必ずといってよいほど登場するのがこの定《てい》家《か》餅《もち》。それ

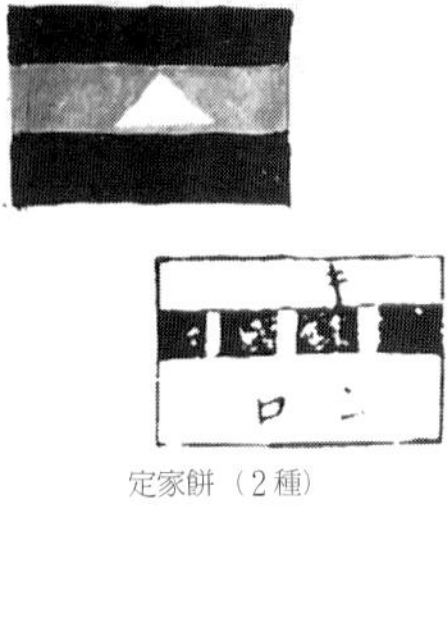

定家餅（2種）

織部饅

ほどの有名人、定家とは鎌倉時代前期の歌人、藤原定家（一一六二〜一二四一）のことです。百人一首では「来ぬ人をまつほの浦の夕なぎに焼くや藻塩《もしお》の身もこがれつつ」の作者として知られますが、『新古今和歌集』の撰者でもあり、歌論書『近代秀歌』や日記『明月記《めいげつき》』を著しています。

さて、菓子の定家餅ですが、『古今名物御前菓子図式』には、二一〇頁のような黄、小豆、白色の三段重ねの蒸羊羹として製法が出ています。中央の小豆色の羊羹種には、細く切った山芋の筋を三筋いれるとありますから、意匠的にもなかなか凝っています。

一方、虎屋をはじめ、いくつかの絵図帳の定家餅では、中央に三角形の羊羹をいれる意匠が見られますが、何を表わしているか不明です。三角形は文様でとらえれば鱗《うろこ》文《もん》。「定家袋《ていかぶくろ》」（細長い箱型の容器で、錦や金襴《きんらん》などの裂《きれ》で包み、口に括《くく》り紐《ひも》をつけたもの）に使われる錦金襴の文様を暗示しているような気もしますがはたして？　というところでしょう。

「定家」を冠した言葉として、ほかにも「定家机」（歌人、文人などの好んで用いる文机）、「定家煮」（魚を塩と焼酎または酒だけで調味して煮た潮煮）などがあります。定家餅も定家の名がつくことによって、どこか格調高く、茶会でもその文学的響きが好まれたのでしょう。

◎　人丸

人丸とは、『万葉集』の代表的歌人、柿本人麻呂（生没年不詳）のこと。求肥や餅を柿の形にし、砂糖をふりかけた生菓子や、柿の果肉をいれた羊羹が、「人丸」の名で作られていました。柿形から人麻呂を連想させる菓子で、機知に富んでいます。

現在、柿形の生菓子は秋によく作られますが、「人丸」の名をつけることはまずないようです。やはり、人麻呂も過去の有名人なのでしょう。

歌人に続いて、今度はかつての偉大な茶人の名に因んだ菓子名です。これらは、本人が考案した菓子とも伝えられますが、真偽のほどは藪の中。どれも簡単にできる素朴なものばかりなので、初期の茶会の雰囲気を連想させる演出効果もあったことでしょう。

◎ 宗及餅

千利休や今井宗久らとともに、織田信長・豊臣秀吉に仕えた茶人、津田宗及《つだそうきゅう》（？～一五九一）に因む菓子。『合類日用料理抄』（一六八八序）には宗及餅、『古今名物御前菓子秘伝抄』には、宗休餅として見えます。後者の製法では、うるち米、糯米の粉を生垂《なまだ》れ（味噌を水溶きしたもの）でこね、砂糖を入れ、蒸すものですが、前者では割ったくるみがはいっていますので風味がありそうです。

津田宗及も、「宗及井戸」（茶碗）、「宗及緞子《そうきゅうどんす》」（名物裂《めいぶつぎれ》）など、所持したり、愛用した事物に名前を残している人物。道具評論家としては、桃山随一といわれるだけに、何やら宗及餅も風格がありそうです。

◎ 珠光餅

わび茶を創始した室町中期の茶人、村田珠光《むらたじゅこう》（一四二三～一五〇二）が好んだという餅菓子。切餅を焼き、その上に山椒味噌をつけた簡素なもので、江戸時代の茶会でよく使われました。現在でも初釜の時などに、鏡餅を利用して自家製で作られることがあります。

また、話題性に富む武人も菓子の名に残されています。

◎ 朝比奈粽

『古今名物御前菓子秘伝抄』によれば、椿の灰汁《あく》につけた糯米を蒸籠《せいろう》で蒸し、藁しべで巻く粽で、鹿児島のあくまき（灰汁に浸した糯米を竹皮にくるんで灰汁で煮たもの）を思わせます。粘りが強いことから、武勇で鳴らした鎌倉前期の武将、朝比奈義秀《あさひなよしひで》（一一七六？〜？）の名をつけたとのこと。

朝比奈義秀は、和田義盛《わだよしもり》の息子で、戯曲、小説の題材とされた英雄。歌舞伎でもおなじみの人物ですから、歌舞伎座土産で復活させるのもおもしろそうです。

◎ 景勝団子・景勝餅

上杉謙信の甥で後に上杉家を継いだ上杉景勝（一五五五〜一六二三）の名に因む菓子。景勝は、豊臣秀吉に属しましたが、関ヶ原の戦後、家康に降り、大坂の陣では、東軍の徳川方につきます。沈黙寡言ながら、豪放な性格で知られた景勝の武勇を賞し、勝って勝ち抜くの意味で団子や餅の名に冠したといわれます。

江戸両国で、松屋三左衛門が正徳元（一七一一）年に売り出した景勝団子が最初とされ、『古今名物御前菓子秘伝抄』では「景勝餅」として、葛粉三升と糯米粉一升を細かくして混ぜ合わせ、水で練って、適宜《てきぎ》に丸め、蒸しあげ、黄な粉に砂糖をいれたものをかける製法が出ています。

後には景勝の名を菓子に使うことをひかえ、「かんかちだんご」や「とびだんご」の別名も生まれ、江戸市中では歌にあわせて餅をついてはその場で売る姿が評判になりました。今ではその姿を知る人もなく、ちょっと寂しい感があります。


人名に因んだ菓子はやはり、当時の世相を反映しているせいか寿命も短いようです。現在、残っている菓子といえば、古田織部《ふるたおりべ》（一五四四〜一六一五）の創始による織部焼を模した織部饅頭や千利休の名をつけた利休饅頭ぐらいでしょうか。織部饅頭は緑の釉《うわぐすり》の見立てや梅鉢《うめばち》・井桁《いげた》などの焼印が愛らしく、利休饅頭は、生地に黒砂糖を入れることが多いもの（生地の色が利休好みの色になるためともいわれます）。どちらもそれほど逸話のある菓子ではなく、織部焼や利休にあやかって江戸時代後期以後考案されたと思われます。人名菓子は、その人物の信奉者やファンがいなければ存続が難しいのでしょう。

江戸行商の姿

◎ 汁粉

小豆好きの日本人は、餡を使って羊羹や饅頭を作るだけでなく、寒い日のために、餡のスープまで発明してしまいました。その名は汁粉。餡を煮溶かして、餅などを加えればすぐに出来上がり。現在では、温めたり、お湯をかけるだけのレトルト食品やカップ入りの汁粉も出まわっているほど。さらし餡を粉にして最中皮につめた懐中《かいちゅう》汁粉《じるこ》も一年中販売されています。

また、甘味処であれば、品書きに汁粉は欠かせません。夏には白玉をいれた冷やし

冷や水売　四時交加

汁粉屋　春色英対暖語

汁粉もあり、口当たりの良さが受けています。

　このような汁粉の人気は今に始まったことではないのですが、江戸時代の汁粉屋は、ちょっと様相が変わっていました。というのも、当時の汁粉は、蕎麦やうどんと同様に町内を回る屋台でも食べられるものだったのです。現在の屋台のラーメン屋に立ち寄る感覚で、酔いざましに汁粉をちょっと一杯……などという一幕もあったかもしれません。しかも楽しいことに、当時の汁粉屋は呼び声もめでたく「正月屋でござい」が決まり文句。看板や行灯《あんどん》にも「正月屋」の名が書かれ、汁粉以外に雑煮を扱う店もあったとか。

　木枯らし吹きすさぶ中、熱い汁粉をふうふういいながらすする庶民の姿が想像されます。


　　辺見廻《あたりみまわ》して汁粉へ下戸這入《げこはいり》（柳多留二六41）

　まわりの目を気にする汁粉好きの姿を詠んだ川柳ですが、男性が甘味処に入る心境は昔も今も同じなのでしょう。

◎ 冷や水

「年寄りの冷や水」といえば、年寄りが若い者に負けずに無理をして何かやろうとするのを冷やかす言葉ですが、ここでいう冷や水は、れっきとした商品名。冷や水が商売になってしまうとは変な話ですが、氷が貴重品であった当時は冷たい水もかんたんには手に入らないもの。『守貞漫稿』には、「冷水売。夏日清冷の泉汲み、白糖と寒《かん》晒粉《ざらしこ》の団子とを加へ、一椀四文に売る云々。売り詞《ことば》、ひゃっこい　ひゃっこい」とあり、呼び声も愉快です。泉の水だけで十分だと思いますが、それに砂糖と団子が入っているとは、おやつ感覚で食べるものなのでしょう。現代の私たちにとっては、およそ食指の動かない食べものですが、砂糖が高級品であった江戸時代、人々は冷や水のほのかな甘味や涼味にほっと一息ついたことでしょう。もっともこの珍商売、天候に悩まされるもので、

本降りに成て水売り匙《さじ》を投げ（柳多留四八20・25）

とあるように、雨にあっては、商売にならず、また、

ぬるま湯を辻々で売る暑いこと（柳多留一三16）

甘酒売　守貞漫稿

からわかるように、暑さで冷や水がぬるま湯に変じることもあったようです。これではもうけもまず期待できないでしょう。井《い》原西鶴《はらさいかく》の『万《よろず》の文反古《ふみほうぐ》』（一六九六）には、朝は仏壇用の花を売り歩き、昼は冷水を売り、夕方は蚊燻《かふすべ》（蚊遣《かやり》・蚊を追い払うために煙をたてること）の鋸屑を売り歩き、夜は家で茶売りの紙袋を張って、その日暮らしをする男の話が出ていますが、やはり、冷や水売りだけでは生活できなかったようです。

◎甘酒

寒い冬には、甘酒でも飲んで体を暖めたくなるもの。風邪をひいた時にもおすすめ

心太売　新文字ゑつくし

ですが、江戸時代には、夏の飲みものとして甘酒が飲まれていました。しかも京都や大阪では、夏の夜だけに限って売られていたといいます。当時の甘酒売りは、天秤棒をかついだ行商スタイルで、前の箱に茶碗、盆などをいれ、掛行灯《かけあんどん》をつるし、うしろの箱に甘酒の釜を据えていました。一方が熱く、もう一方が冷たいことから、「あまざけやの荷」といえば、片思いを意味したとか。夏とはいえ、冷やし甘酒ばかりではなかったようです。

◎ところてん

ところてんは、海草のテングサを煮溶かして、煮汁をこし、型に流して冷やし固め、てん突きなどで押し出した食べもの。汁粉同様、甘味処の品書きに必ずある品目ですが、スーパーでも青海苔や辛子を添えてパック詰めで売っており、夏に人気の高いデザートといえます。

ところてんは「こころふと」「こるもは」とも呼ばれ、すでに平安時代には市で売られていました。行商されるのも早かったことでしょう。室町時代後期の『七十一番職人歌合』（一五〇〇頃）には、饅頭売り、餅売りとともにところてん売りの姿が描かれています。現在と同様の押しだし式のところてん突きをもったところてん売りが、「心ぶとめせ、ちうしやく（薬味のこと）も入て候」と、町ゆく人々に呼びかける姿はなかなか風情があり、思わず立ち寄りたくなってしまいます。

後の江戸時代には、ところてんを売る行商人の姿が夏の風物詩でもありました。京都、大阪、江戸いずれも夏に出回りましたが、京都・大阪では砂糖、江戸では醬油をかけたとか。現在では、辛子醬油や酢醬油がふつうでしょう。

清滝の水汲みよせてところてん　松尾芭蕉
あさら井や小魚と遊ぶ心太　小林一茶
ところてん逆しまに銀河三千尺　与謝蕪村

芭蕉、一茶、蕪村も、ところてんが好物だったのでは？　と親近感を覚えます。

飴売りの技と呼び声

今でも縁日などで、飴やしん粉を使い、たくみに鳥や動物を作ってしまう職人さんを見かけますが、これも江戸時代以来の伝統技術です。

飴の鳥吹きはじまりは卵程（柳多留一四九24）

売れる程飴屋は頬をふくらかし（柳多留二九12）

ただの平たい飴が見る見るうちに鳥や猿、犬の形に変化していくのですから、目を丸くして、じっと見守る子供たちの表情が想像できようもの。まるで奇術を見るようなおもしろさだったことでしょう。といっても、実際の飴の味はお粗末だったようで、外見ばかりでうまみのないものを「飴細工の鳥」になぞらえる表現があるほど。やは

飴売り　守貞漫稿

り食べないで、飾って楽しむ方がよいようです。

さて、こうした技を見せる飴細工師がいる一方で、江戸時代には、実に風変わりな飴屋が町をねり歩いていました。

そのいでたちは様々で、派手な着物や異国情緒あふれる中国服を身にまとい、頭巾《ずきん》や笠をかぶるなど、人目をひくもの。しかも笛を吹いたり、鉦《かね》・太鼓《たいこ》・三味線などを鳴らしながら歩きまわり、売れればお礼に歌や踊りを披露するのですから、今日のストリートパフォーマーも顔負けです。このように服装や呼び声から、一目で飴屋とわかるため、飴売りに変装した隠密《おんみつ》、つまり幕府や藩のスパイもいた由。時代劇の中でも、飴売りは世をしのぶ仮の姿で、見破られれば剣豪の士に早変わりという場面を見ることがあります。

さて、江戸時代に話題となった、注目すべき飴売りをご紹介しましょう。

◎　取っかえべい

「とっかえべえ」と呼び歩きながら、煙管《キセル》の雁首《がんくび》や鍋、釜などの金属廃品と飴を交換した飴売り。江戸時代のリサイクル精神を見るような思いがします。もともと、正徳

取っかえべい　近世狂歌商賣尽

年間（一七一一〜一六）に、江戸浅草俵町の紀の国屋善右衛門が、紀州道成寺の鐘を作るために始めた商売といわれ、後に真似する者も現われたというわけです。

◎下り飴

「下り下り」といいながら、地黄煎《じおうせん》（漢方薬でも知られる地黄を煎じた汁）を加えて作った飴を売っていました。名前の由来は、下り（下痢）に効果があるとも、上方から江戸に下った意味ともいわれています。

◎土平飴

明和（一七六四〜七二）の頃、土平屋《どへいや》という者が江戸市中を売り歩いた飴。大田南

お萬が飴　近世狂歌商賣尽

畝の『半日閑話』によれば、鬼のふんどしのような虎皮の羽織に緋縮緬《ひちりめん》の笠をかぶり、飴が売れれば、歌を披露したとか。その歌というのも風変わりで、たとえば

〽仙台の〳〵大橋普請《ふしん》のあった時に、鼠一疋ァァふんまへて、天窓《あたま》剃って髪ゆふて、やき餅うりに出したれば前の猫めが重箱ぐるみにしてやった、二度は出すまい餅売りに、さんしょのせ、さんしょのせどうへ〳〵

といったもの。現在では意味不明でよくわかりませんが、当時はかなり話題になったようです。

◎お萬が飴

文化（一八〇四〜一八）の末頃、角木瓜《かくもこう》の五所紋をつけた黒木綿の着物というい でたちの男が、女の声色を使い「おまんが飴じゃに一丁が四文」と呼び歩いて売った飴。飴を買うと女の身振りをして、

〽ほんに思へば、きのふけふ、ちいさい時から、おまへにだかれ云々

と、常盤津《ときわず》ぶしをひとくさり歌ったといいますから（『真佐喜《まさき》のかつら』）、飴売りというより立派な芸人です。芸を披露するのが楽しみで、飴はおまけのサービスでしょうか。外見から想像すると、何やら気色の悪い飴売りですが、歌われた常盤津ぶしは町中でも大流行し、歌舞伎の所作事でも演じられ、大当たりしたとのこと。飴売りもここまでいくと、国民栄誉賞ものです。

◎孝行糖

『藤岡屋日記《ふじおかやにっき》』の弘化三（一八四六）年の記事に見える飴売り。藍鼠色に霜降《しもふり》（白い斑点のある模様）と、竹の子（柄）の付いた半纏《はんてん》を着て、うこん（鮮黄色）の三尺帯を

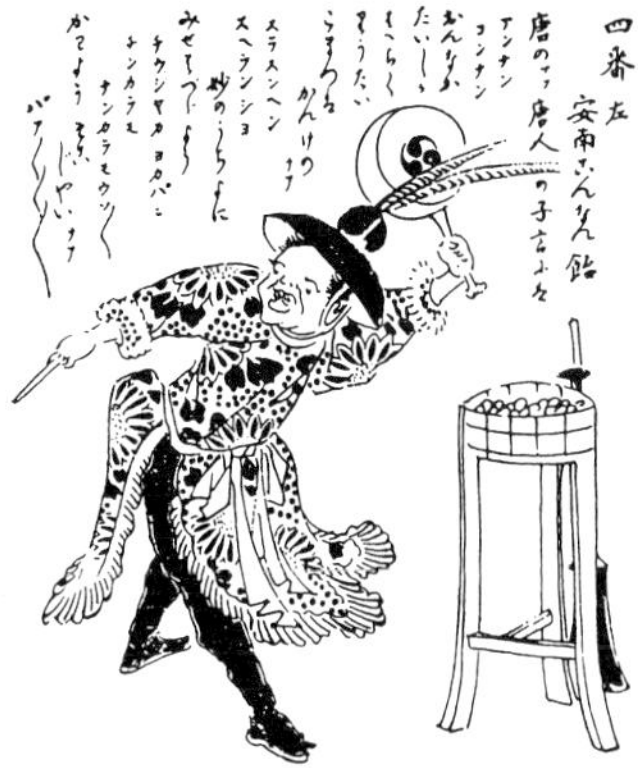

唐人飴　近世狂歌商賣尽

しめたいでたちで、〽むかし〳〵其昔、二十四孝の其中の、孟宗《もうそう》という人は、親に長生きさするとてこしらへ初めし孝行糖　トコトコトコトコ……と教訓話めいた売り声を張り上げた由。飴には丁子《ちょうじ》や肉桂、胡桃、榧の実が風味として使われていましたが、味よりもほろりとさせる孝行話につられて、親が子供に買い与えたのかもしれません。

◎ 唐人飴

飴売だよと唐人へ指をさし　（柳多留四四10）

唐《もろこし》の音曲で売る飴ン棒（柳多留一五6）

唐人の装束で、唐人笛ことチャルメラを吹き、歌ったり、踊ったりして飴を売った行商人です。この場合の唐人とは、中国人というより朝鮮通信使（一四二頁参照）の服装を真似たかと思われます。何しろ、通信使の江戸入りと江戸登城の日は江戸市中が休日になり、着飾った江戸っ子は、早朝から沿道に駆けつけ、一行の行列を待ったといいますから、当時の歓迎ぶりと関心の高さは相当なものでした。通信使の姿は絵本や版画に描かれ、朝鮮の衣裳をつけた辻踊りも流行しました。現在伝わる三重県鈴鹿市の唐人踊《とうじんおど》りや岡山県牛窓の唐子踊《からこおど》りも、通信使に随行した役者や童の踊りに由来すると伝えられ、朝鮮風衣裳を身にまとい、笛、太鼓、ひちりきなどによる朝鮮風音楽に合わせて披露されます。江戸時代の唐人飴売りも、こうした朝鮮風の踊りと衣裳を客寄せにして、飴を売り歩いたのでしょう。

江戸時代には、各地で見られたこれら異風の飴売りの姿も今や幻。ほしい菓子がすぐに手に入る現代の子供たちは、飴売りたちの歌声に耳をすませ、心をときめかせることもはやないでしょう。幻の飴売りの呼び声は、遠く夢の中でのみ、こだまするようです。

菓子職人の心意気

人倫訓蒙図彙　①

飴売りの姿にふれたところで、江戸時代の菓子職人にもご登場願いましょう。残念ながら、当時の菓子職人の生活を記した日記や記録は現在のところ存在しない模様。資料が乏しいため、職人の実態はよくわかりませんが、元禄三（一六九〇）年に刊行された『人倫訓蒙図彙《じんりんきんもうずい》』ほか江戸時代の版本に描かれた絵図からその姿を探ってみま

③

②

しょう。

『人倫訓蒙図彙』に見える菓子職人は、菓子師、餅師、粽師、煎餅師、道明寺師、興《おこし》米師《ごめし》、麩焼師《ふのやきし》、飴師、地黄煎（地黄を煎じた汁を加えて作った飴）（師）、焼餅師の十種。興米師、麩焼師、地黄煎（師）を除いた菓子職人はすべて菓子作りの姿が絵図で紹介されています。今から三百年ほど前、それぞれの職人は、どのように菓子を作っていたのでしょう。

①まず菓子師ですが、平鍋で焼菓子の一種を作っている絵図があります。手ぬぐいを肩にし、上半身裸で、団扇を手にしているところを見ると、よほど熱いのでしょう。焼き色を確かめつつ、丸や四角の生地をへ

④

⑤

らで返しているわけですが、この菓子は、煎餅あるいはボーロのようでもあり、判別しにくいものです。それにしても、不自然に思えるのはあぐらをかいたようなこの姿勢でしょう。もっとも、立ち作業の多い現代と違って、江戸時代は生地をこねたり、切ったり、型押しするなど、あらゆる作業をすわって行っていたようです。

②続いて餅師では、女性が蒸し餅（？）を作っている姿が描かれています。蒸し上がった餅を丸めようとしているのか、あるいは餅を包んだ布を取り出しているのか、意見のわかれるところでしょう。畳の上には、餅が入った箱が置かれています。注文に応じた大きさの箱を用意したのでしょうか。

⑥　⑦

③さて、粽師は、出来上がった粽を一束にまとめるのに精を出しています。まな板の上で形を整えたあと、い草で縛るのでしょう。傍らに笹の葉数枚と一束になった笹粽が見えます。笹で包む製法は、今も昔も変わらない手作業。それにしても、この職人さん、連日忙しいせいか、少々お疲れのご様子です。

④煎餅師の場合は、不精髭を生やした壮年の男性が、もろ肌脱いで、団扇を片手に、ヒバシで煎餅を返しています。風炉《ふろ》の燃料は木炭でしょう。額に汗をにじませながら、煎餅作りに励んでいる様子がうかがえます。

⑤また、道明寺師の絵図は、道明寺糒を袋詰めする若い男の姿です。道明寺糒は、大

阪の道明寺で作られたことに因む名前ですが、同書の詞書には「今、京菓子の家にも、これを作る。所々にあり」と見え、当時は現在と違い、自前で作る菓子屋もあったようです（実際、虎屋でも江戸時代には御所用の糒を作っていました）。

⑥そして飴師は、鉢巻姿も威勢よく、飴をねじって大奮闘。熱にかけた飴がまだやわらかいうちに曲げたり、延ばしたりしながら形作りをします。ここが腕の見せどころとばかりに、意気込む職人気質が伝わってきます。

⑦焼餅師は、煙管をくわえた粋な女性が、竈《かまど》にのせた平鍋の餅を焼いている姿で描かれます。傍らの童は女性の子供なのでしょうか。小さいながらも、竈の火加減をして、母親の手伝いをしているようです。

同時代の『男重宝記《なんちようほうき》』（一六九三）にも、御菓子所の製造風景を描いた図がありま す（二三八頁）。前述の菓子師と同じような仕種で、生地を焼いている職人がいるかと思えば、饅頭を蒸したり、色かたち様々の干菓子を量って箱詰めする者もいてなかなか活気があります。御菓子所ほどの規模ともなれば、それぞれ仕事の持ち場も決まっていたのでしょう。*

また二三九頁の図は十返舎一九編による『餅菓子即席手製集』（一八〇五）の挿絵。

男重宝記

餅菓子即席手製集

饅頭を蒸したり、カステラを焼いたり、切っている姿が描かれています。これもおそらく、菓子屋の情景なのでしょう。上下から火をかけて焼くカステラ鍋の形もわかり、当時の製法を知ることができます。カステラを切る男性の表情もいくぶん緊張気味（実際、カステラをきれいに切るのは難しいものです）。女性もカステラの焼き加減を見ているのでしょうか。このように一家総出（？）で、菓子作りに励む店も少なくなかったことでしょう。

カステラに関しては、江戸時代後期の長崎系洋風画の画家、川原慶賀（一七八六〜？）も長崎の御菓子所を描いており、カステラの生地を作ったり、引き釜で焼いている職人の姿を見ることができます（オランダ国立ライデン民族学博物館蔵）。むらなくきれいに焼き上げるために、職人は神経を使ったことでしょう。当時の職人に、現在の均一に焼き上がったカステラを見せたら、どんな感想がかえってくるのでしょうか。想像をめぐらしたくなってしまいます。

写真やテレビのないこの時代、絵画は、唯一古《いにしえ》の菓子屋の仕事ぶりを今に語り伝えるもの。菓子を作りながら、職人たちはお互いにどんな話をしていたのでしょうか。

じっと絵に見いっていると、おいしい菓子作りをめざした、今は亡き無名の菓子職人たちの姿が浮かび上がってきます。先人たちの創意工夫、努力があってこそ、今日に至る和菓子の発展があったかと思うと、遠い過去のことでありながら、絵図に見える職人たちに不思議と親しみがわいてきます。

＊文化六（一八〇九）年改正と考えられる虎屋の店員役割書には、十二人の幹部店員の職務分担が記されています。製造の面でも「一、徳兵衛役引き請け　饅頭・饂飩の粉仕込み、酒米・饂飩の汁類……」「焼き物類引き請け　伝兵衛……」とあるように、職人の作業分担が決まっていたことがうかがえます。

異国の香り——南蛮菓子

「和菓子こと始め」で触れたように、南蛮菓子とはポルトガルやスペインから伝わった菓子のこと（鎖国後伝わったオランダの菓子も一部含まれます）。カステラ、有平糖、金平糖などがその代表ですが、それぞれを語るだけで一冊の本になってしまうほど歴史あるもの。ここでは、現在作られていない珍しい南蛮菓子を、東北大学の狩野文庫所蔵『南蛮《なんばん》料理《りょうり》書《しょ》』*から取り上げてみましょう。同書の著者は不明ですが、成立は江戸時代中期と考えられ、南蛮菓子を知る貴重な資料とされます。

◎ 南蛮餅

南蛮屏風
リスボン国立古美術館

南蛮（ポルトガル・スペイン）に由来するわけではありませんが、南蛮文化の流行に因んでつけられた名前と思われます。『南蛮料理書』では、麦の粉に黒砂糖と葛粉を少々入れてこね、蒸してから切るものとありますが、新粉でなく麦粉を使う点が異国風だったのでしょうか。特別おいしいとも思えない菓子ですが、「南蛮屏風」「南蛮鐔《つば》」など南蛮を冠した言葉が数多く作られたように、名前の響きが目新しかったのでしょう。虎屋資料ほか江戸時代の菓子製法書にも名前が見えます。

◎ ちちらあと

『南蛮料理書』では、白胡麻を使った飴として製法が出ていますが、この洋菓子風の名前の原語が何かはわかっていません。しかし、響きの良さが好まれたのか、名前は広まったらしく、後年の菓子文献に見える「ちぢら糖」「しじら糖」「ちくう糖」「知《ち》偶糖《くうとう》」「ちくら糖」は、皆「ちちらあと」の変形ではないかと考えられます。**

このうち「ちぢら」と「しじら」には縮み織の意味がありますが、次の「ちくう糖」以下は意味不明。語り（書き）つがれるうちに名前も変化してしまったのでしょう。やはり最初の「ちちらあと」が呪文を聞いているようで、一番神秘的に思えます。

こすくらん

◎こすくらん

ポルトガル語のCoscorão《コシュクラオン》に由来する菓子。『南蛮料理書』には、小麦粉を塩水でこね、冷麦のようにして好みに切り、油で揚げた後、砂糖を煮詰めた中に通す製法があり、かりんとうを思わせます。

Coscorão は現在のポルトガルでもクリスマスなどに作る家庭菓子として伝わっています。形や材料は地域によって違いますが、小麦粉に水、卵、ラード、オレンジ汁、砂糖などを合わせこね、薄くのばし油で揚げて作ります。ふりかけたシナモンシュガーの香りも良く、『南蛮料理書』の「こすくらん」よりかなりおいしそうです。

◎けさちひな

赤ちゃん言葉を思わせるような音の響きが可愛らしい菓子。『古今名物御前菓子秘伝抄』のけさいな餅と名前が似ていますが、こちらの「けさちひな」は、カボチャパイではなく、黄身餡を包んだ焼菓子です。黄身餡といっても『南蛮料理書』には、卵の黄身、小麦粉、砂糖しか材料名がなく、現在のように白餡が使われていないため、味わいもいま一つのようです。

この「けさちひな」の語源と思われるのがポルトガルの菓子、Queijada《ケイジャアダ》です。これはチーズケーキのようなもので、熟成していないフレッシュタイプのチーズ、砂糖、卵黄、シナモンを生地にして焼いて作る製法が伝わっています。乳製品がなじめなかった日本人は、この製法を知りながらも、チーズなしの和風「けさちひな」を作ったのかもしれません。

◎はるていす

『長崎夜話草《ながさきやわそう》』（一七二〇成）で南蛮菓子の一つとされるハルテと同じものでしょうか。

『南蛮料理書』では、煮詰めた砂糖に、焼いて粉にした麦粉や、こしょうの粉、肉桂の粉を加えて丸め、麦粉をこねた生地で包み、焼く製法が出ています。それにしてもこしょうと肉桂を混ぜるとどんな味になるのでしょう。

因みにハルテの語源となったFarteは、ポルトガルでもマディラ島ぐらいでしか作られていない珍しい菓子とのこと***。さつま芋を使ったスイートポテトのようなもので、「はるていす」とはずいぶん違うようです。またFarteにはアーモンド入りの菓子の意味もありますが、その実体は不明です。

◎おいりやす

京言葉と間違えそうなこの名前、『紅毛雑話《こうもうざつわ》』（一七八七）記載の紅毛（オランダ）料理の献立に見えるヲペリイに由来するともいわれます。カステイラブロートやタルタとともに名を連ねるこのヲペリイについて、「花の形に拵へたるかすていら也　大さかぶとの鉢ほどあり」と簡単な説明があります。おそらく深さのたっぷりした花形の焼型に入れて、焼いたのでしょう（ヲペリイはオランダのOblieという菓子が語源という説もあります）。

一方、『南蛮料理書』にある「おいりやす」の製法は、「たまこ拾に付砂糖五拾目麦のこ五合此三色あわせ　かたに油塗り焼き申也　口伝有」というもの。花形とは出ていませんが、卵を泡立て、砂糖、小麦粉を加えて型で焼くワッフル風の菓子だったのでしょう。これでバターや香料が入ればマドレーヌ風ですが、この材料だけでは風味が乏しそうです。

◎ ひりやうす

「ひりやうす」は、関西方面では飛龍頭とも書き、関東でいう「がんもどき」を指しますが、この「ひりやうす」は、もともとFilhós《フィロオシュ》に由来する南蛮菓子です。『南蛮料理書』には、糯米の粉を蒸して練り、すり鉢にあけ、とき卵を加え、すってかたい糊のようにし、油で揚げ、砂糖蜜に浸し、上に金平糖をかける製法が記されています。

現在でもポルトガルでは、小麦粉に卵を混ぜ、油で揚げて、最後に砂糖をかけるFilhósが作られています。

ひりやうす

◎はすていら

カステラの親戚のような名前ですが、ポルトガル語の Pastel に由来し、今日のミートパイのようなものです。「中にことりかいほか（小鳥か魚か）こまかに切《きり》れうり（料理）して此中につつみ」とありますので、魚肉を詰めてもよく、菓子の部類に含まれているとはいえ、料理の一種でしょう。

カステラ、金平糖、ボーロのように後世に名前を残すロングセラーの南蛮菓子がある一方で、幻になってしまった南蛮菓子も数多いもの。和洋菓子が工夫される現在ですが、百年、二百年と存続する菓子ははたしてどれくらいあるのでしょうか。

＊紙質から幕末頃の写本といわれますが、原本はその内容から、江戸時代中期には成立していたと推測されます。また、『南蛮料理書』の書名は狩野亨吉博士によるとされ、系統本に、狩野文庫の『南蛮料理菓子拵方』、東京都立中央図書館加賀文庫の『南蛮料理』、長崎県立図書館渡辺文庫の『和蘭陀菓子製法書』などの写本があります。本文十三丁のうち、三分の二以上は菓子の製法で（二十七点）、羊羹や饅頭など南蛮菓子ではない菓子の製法も含まれます。このため、「ちちらあと」も南蛮伝来かどうか疑問は残ります。

いずれにせよ、他書にないポルトガルあるいはオランダ由来の菓子や料理が多数を占めるため、食文化研究に不可欠の書として重視されます。

参考　岡田章雄「注解『南蛮料理書』」『飲食史林』創刊号　一九七九年

＊＊鈴木晋一「知偶糖」『たべもの噺』平凡社　一九八六年

＊＊＊荒尾美代『南蛮スペイン・ポルトガル料理のふしぎ探検』日本テレビ出版　一九九二年

菓子十曲屏風

形　和菓子のデザイン帳

　和菓子との出会いは、まず見ることから始まります。明治の文豪、夏目漱石が『草《くさ》枕《まくら》』で、羊羹の「青味を帯びた煉上げ方」を「玉と蠟石《ろうせき》の雑種の様で、甚だ見て心持ちがいい」と述べているように、和菓子の形や色の美しさや愛らしさに心安らいだり、ハッとする思いは、誰でも経験したことがあるでしょう。視覚に訴える和菓子の美は、永い時の流れの中で、洗練され、受け継がれてきたもの。その歴史を物語るのが、昔からの菓子の色や形を今に伝え残す絵図帳でしょう。

　絵図帳は、江戸時代半ば以後、様々な菓子が工夫されるにしたがって、記録・保存・活用の目的で作られました。老舗の和菓子屋では、先祖伝来の絵図帳を家宝とし

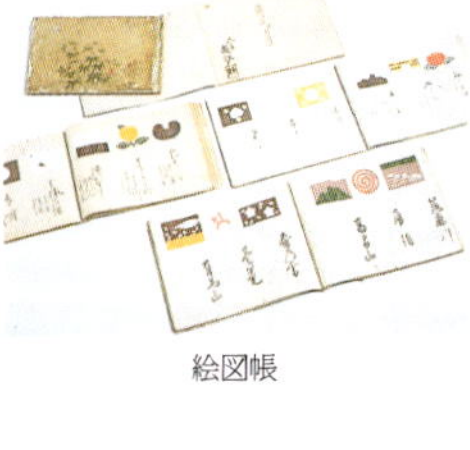
絵図帳

て大切に保存しています。* 現在は写真で記録することが多くなっていますが、特別な行事に使った菓子や新製品を絵図に残している店もあります。

江戸時代の絵図帳の種類については、用途別に、大きく二つに分けることができます。

①手控え用……覚書として略図、製法を記したもの。彩色はせず、仮綴じした程度の体裁が多い。

②商品紹介用……顧客から注文を受ける時に使う一種の商品カタログ。彩色も美しく、製本もしっかりしている。蒸菓子、干菓子、棹菓子、数菓子などに分類され、値段が記載してあったり、「型なし」などの紙片がついていることがある。

この二種が基本形で、手描きが一般的ですが、②の場合は、写しが複数作られ、** 得意先に配られたり、暖簾分けの際、分家の店主に渡されたようです。現在残る絵図帳を照らし合わせてみると（主に図書館蔵）、菓銘が違っても意匠が同一であったり、色違いの意匠でも菓銘が一致するなど、似たりよったりの菓子が作られていたことがわかります。写本が出まわることで、菓子の銘や意匠は各地にも伝播したのでしょう。現在のように登録商標のない江戸時代には、他店の考案した菓子を真似することにもおおらかだったと思われます。

絵図帳は江戸時代中頃には作られていたわけですが、版本では『男重宝記《なんちょうほうき》』（一六九三）に、二百五十種の菓子の名と二十一種の菓子絵図が描かれているのが古い例です（二二頁）。残念ながら色刷りではありませんが、「秋の野」や「立田餅《たつたもち》」などの棹菓子や、「沙金餅《さきんもち》」「撮羊羹《つまみようかん》」などの数菓子は、現在でも見かける意匠で、古さを感じさせません。

さて、砂糖の国内栽培も進み、菓子技術も向上する江戸時代後期になると、彩色の絵図帳も木版で出版されるようになります。現在残るのは、『浪華家都東《なにわのいえづと》』と『あじの花』の二冊。『浪華家都東』は、天保七（一八三六）年十一月吉日に大阪で刊行されたもの。色刷りで百二十八種の絵図があり、序文には、竹浪主人こと黙々斎が、旧友の習忘斎が集めた菓子絵図をまとめた旨が記されています。百六十年以上前にも、私のように菓子の意匠に関心をもつ物好き？　がいたのでしょうか。「春の日秋の夜のいと長きに一盒の菓子に当てつれづれ慰む人もあらんには集者の本意ならんかし」との趣味人のお言葉には親近感を覚えますが、絵図には値段の記載もあり、趣向をこらした菓子屋のしおりとも思われます。

一方、『あじの花』は『浪華家都東』より色数の多い多色刷りで、棹菓子、数菓子など合わせて、二百七十五もの意匠が描かれるもの。刊記がなく、版元も刊行日も不明ですが、江戸時代末期〜明治時代の版でしょう。序文に「高岡のあるじ」の名があり、寛永元（一六二四）年創業の大阪の菓子屋、銭屋こと高岡福信《たかおかふくのぶ》の主人の作かと思われます。現在も営業中の同店には、『あじの花』の版下と思われる原画が残っています。菓子屋の宣伝冊子にも見えますが、高岡福信を受け継ぐご子孫の方にうかがっても、制作意図は不明。先の『浪華家都東』も同じ大阪で刊行され、意匠に共通点があることから、銭屋（高岡福信）関連の人物によるものでは？　と思ったのですが、手がかりはありませんでした。

本の来歴はともかく、『あじの花』は、「菓名述」とある序文が風流で、「……（前略）先新春の御慶賀に一夜を春の曙や床に錺《かざり》の松竹梅、笑みを含みし福寿草、またもや積もる二月雪早弥生餅、桃の井の遍《ひとえ》に咲し藤の花、池には花のあやめ餅、水なき氷室……」と菓子の名が散りばめられています。ひもとけば玉手箱をあけるように、色かたち様々の愛らしい菓子図案が目を楽しませてくれ、見飽きることがありません。作り手の菓子に託した夢が伝わってくるような冊子です。カラー写真をふんだんに使

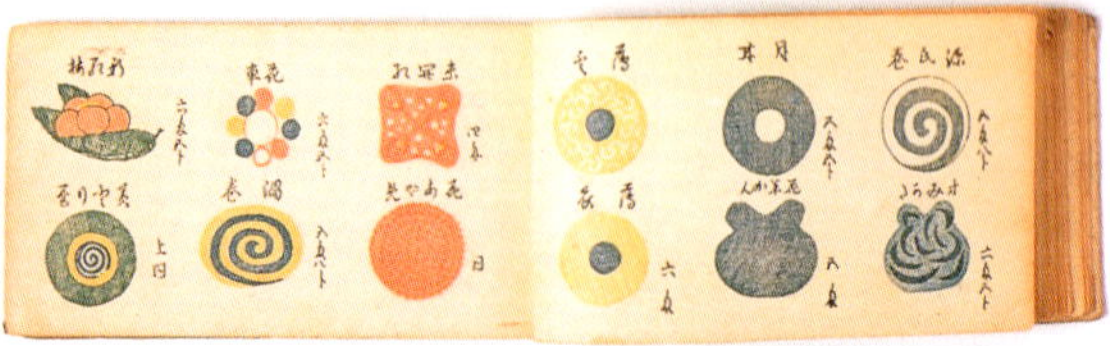

浪華家都東（吉田コレクション）

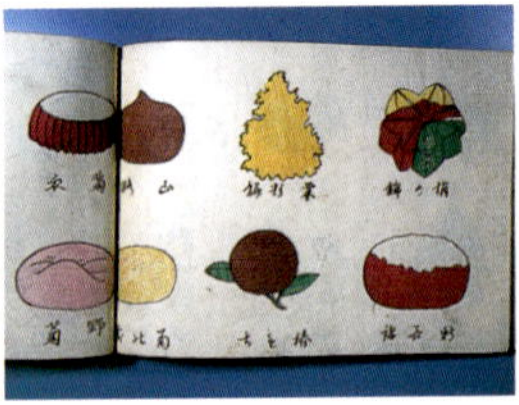

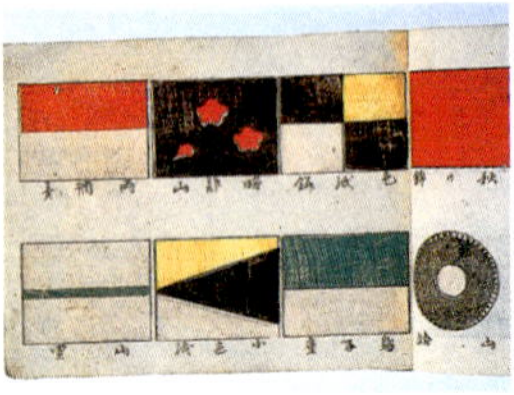

あじの花

った、現在の宣伝冊子にはない暖かみが感じられるといえるでしょう。

このように、江戸時代後期には絵図帳に描かれる菓子意匠も凝ってきます。特に目覚ましい変化は、木型を使う落雁などの押物や飴細工でしょう。まるで絵画を見るような豪華で精緻な意匠の落雁や、色鮮やかで可愛らしい飴細工には目を見張るものがあります。こうした和菓子の数々は、着物や工芸品の意匠にも共通するため、絵図帳は日本の文様を調べる上でも参考になります。味はひとまず抜きにして、和菓子の意匠の素晴らしさにひたってみるのも優雅では？

公共機関では、都立中央図書館の加賀文庫などで閲覧できます。

＊虎屋にも、元禄八（一六九五）年の奥書がある絵図帳が残っています。黄、白、茶、緑を主な色として、棹菓子の断面図や生菓子が、合わせて七十四種描かれています。小豆の粒を散らして千鳥や桜に見立てたり、山芋をいれて月を模したり、巧みな発想に満ちています。菓子それぞれに名前があるからこそ、意匠も意味をもつのでしょう。『男重宝記』の絵図同様、これら菓子の多くは現在も作られているものばかり。後年の絵図帳には、菓子の名前に加え、小豆の粉、砂糖、うる（ち）米の粉などの主要材料も記され、作り方の想像がつきます。このような表記の例は他店の絵図帳にもあり、当時の菓子材料を知る上

で興味深いものです。

** 大阪高麗橋《こうらいばし》に店を構え、虎屋饅頭で名をなした虎屋伊織《とらやいおり》（元禄十五〈一七〇二〉年創業）の菓子図の写しがかなり残っています。虎屋伊織は、今の商品券にあたる饅頭切手の乱発などから、江戸時代末期より経営が悪化して廃業しますが、衣鉢は鶴屋八幡によって受け継がれています。

色　和菓子と王朝の美

黒味がかったチョコ、白いクリーム、赤い苺など、洋菓子は原色の目立つこってりとした色使い。対する和菓子は、黒餡にしても白餡にしても、小豆のくすんだ色を基調とした自然のやわらかな色合い。洋菓子と和菓子の色は、油絵の具で描く洋画と、岩絵の具を使う日本画の違いにたとえることができるかもしれません。

配色の面でも和菓子には、日本文化の伝統が生きています。きんとんや煉羊羹の場合では、左右に染めわけたり、流し込むときの上下の段の色を変えることが多く、緑と黒で松、白と紅で梅または桜、紅と黄色で紅葉という具合に、色の組み合わせで自然風物を見立てます。このように色から季節を読みとる美意識は、平安時代に遡る優

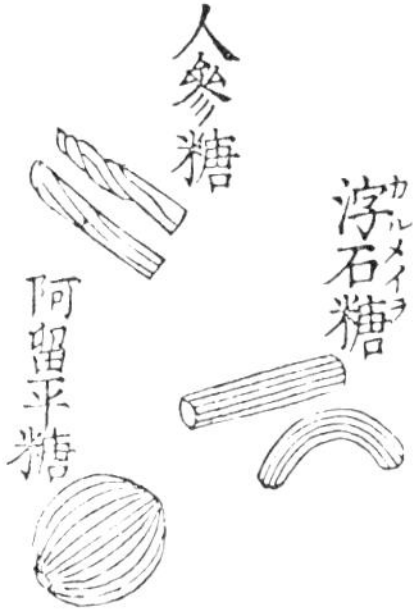

人参糖・カルメイラ・有平糖
和漢三才図会

美な「かさねの色」につながるものでしょう。

「かさねの色」とは、王朝貴族の衣服の色合わせのことで、季節ごとに配色を考慮し、植物名などをつけたものです。たとえば、袷《あわせ》仕立ての衣の表裏の場合は、表青裏紫で「松重《まつがさね》」、表紅裏紫で「紅梅重《こうばいがさね》」というように、配色に因んだ名前がつきました。また、衣服を数枚重ねた場合の袖口、襟元、裾口などに見られる色合わせも、複合的なイメージから、同様に「裏山吹《うらやまぶき》」、「杜若《かきつばた》」などの名前で言い表わされました（「かさね」は「重」「襲」とも書き、それぞれの色合わせは色目と呼ばれます。色目は同色でも季節によって名称が変わったり、同名でも衣服の種類によって配色が異なったりします）。

当時の宮廷人は、これら多種の色目から季節、年齢、好みによって着用を考えるのですから、教養とセンスが問われたことでしょう。平安時代の女房文学にも、この色目に関する記述がよく見られます。

『源氏物語』の二十二帖「玉鬘《たまかずら》」で、年末に紫の上と源氏が、女君《おんなぎみ》たちに配る新年の晴れ着をそろえる場面もその例でしょう。源氏が各女君たちに選んだ「かさねの色」で、紫の上が女君たちの性格や容貌を想像する心理描写が印象的です。源氏は、それぞれの年齢や性格、好みを考えて、玉鬘には山吹襲、末摘花《すえつむはな》には柳襲、明石の姫

有平糖

君には桜襲などを用意させますが、本人に会ったことのない紫の上にとっては、色目から、女君の人となりに思いをめぐらすほかありません。

こうした王朝の奥ゆかしい美意識が和菓子にも好まれたのでしょう。実際、きんとんや羊羹の場合でも、菓銘に「松重ね」「紅葉重ね」などとつけた例があります（表記は重あるいは襲、重ねで不統一の上、配色は必ずしも、前述の色目に一致しませんが……）。

また、現在ではあまり見かけなくなりましたが、南蛮菓子の一つ、有平糖も配色の妙が楽しめる飴細工です。有平糖は形状から、

1　平形物（平らにのばした面に縞模様を配した形）

2　棒有平（棒形）

3　丸形有平（小粒の丸物）
4　細工有平（ねじ曲げて趣向をこらしたもの）

などがありますが、特に1の意匠を集めた見本帳は、「かさねの色」一覧を見るような色の変化と優雅な菓銘が楽しめます。金銀糖、漣《さざなみ》糖、錦糖など、縞の色使いで名称も変わりますが、なかには、名物裂として珍重された間道《かんとう》（外来の縞模様）を参考にしたものもあるようです。

このほか、「かさねの色」の影響は和菓子屋で使われる言葉にも表われています。「今週販売している菓子の色目は……」「どんな色目でおつくりしましょうか」のように菓子の品目を「色目」というのもその一例です。また、饅頭や生菓子につけるぼかしを「におい」と表現する場合がありますが、これも「かさねの色」では、濃い色からだんだん薄くなっていく配色を意味します。

さて、実際の菓子の色づけですが、王朝人の衣が、植物材料で染め出されていたように、初期の菓子も天然の素材を利用し、様々な工夫が試みられました。

まず、紅は紅花です。紅花はキク科の一年草で、古来、薬料、化粧料、顔料、染料として用いられ、その実は食用油に加工されました。そして黄色はくちなしの実。くちなしは、アカネ科の常緑低木で、果実が熟しても口を開かないことからその名がついたといわれます。飛鳥時代から衣を染める時に使われ、無害なことから、食物を黄色く染めるのに用いられました。今でもたくあんや正月のきんとんづくりの色づけに使われています。ほかに、緑は挽き茶、茶は肉桂、黒は鍋墨や昆布です。

現在の和菓子の色は、合成色素あるいは、天然色素によってつけられます。合成色素の利用によって、鮮やかな色や複雑な色調も出せるようになったわけですが、自然な色合いを生かすため、天然色素しか使わない店もあります。和菓子を目にする時は形に気を取られ、微妙な色合いの変化を見過ごしてしまいがち。和菓子の色を通じて日本の色を再発見したいものです。

香　芳香を生かして

香料を使うことの多い洋菓子にくらべると、和菓子の香りはほのかで奥ゆかしいもの。これはお茶の味わいを消さないようにという配慮に加え、自然の持ち味を生かした植物系の香りを使っていることによるでしょう。

さて、その植物系の香りには、どのようなものがあるでしょうか。

◎植物の葉

粽や笹団子などは、笹の包みをほどくと、ふっと瑞々しい香りが漂います。中身の菓子にも移り香が宿り、味わいも豊か。笹の葉の防腐作用もあるうえ、清々しい色も

柚形

食欲をそそる効果があります。また、塩漬けした桜葉を使う桜餅や、柏の葉を使う柏餅もそれぞれ独自の芳香を生かしています。

◎柚《ゆず》（柚子）

ミカン科の常緑低木。果肉は生では食べにくいものですが、果皮や果汁は香りが高く、酢のものや鍋物などの料理には欠かせません。和菓子では、柚餅子《ゆべし》のように、柚そのものを素材に使ったり、すりおろした柚の皮を饅頭の生地や羊羹にいれ、香りをつけます。

◎肉桂

クスノキ科の常緑高木で、樹皮や根を乾燥させたもの。西洋料理や洋菓子で使うシナモンと同種で、ベトナム産の木が上質とされます。焼菓子の生地に入れたり餡に加えるなど、風味づけになります。京都名物、「八ツ橋」でおなじみの香りといえるでしょう。また、茶色の色づけにも使われます。

◎しょうが

ショウガ科の多年草。しぼり汁を焼菓子の生地に入れたり、蜜に混ぜて煎餅の表面に塗ったり、押物の香りづけにします。金沢名物の「柴舟《しばふね》」がしょうが汁の蜜がかかった煎餅の代表でしょう。ジンジャークッキーのように、洋菓子でも使われます。

◎抹茶

抹茶ケーキ、抹茶ムースなど洋菓子業界でも最近注目されている抹茶は、独特の色合いと風味に特徴があります。和菓子では、餅菓子の表面にかけたり、生地に入れたりします。

◎大豆

大豆を煎って粉にしたのが黄な粉ですが、青大豆を使えば、青みがかった色になり、鶯餅やすはまの材料になります。香ばしい香りと色がおいしさの源です。

◎ 紫蘇

シソ科の一年草。葉の色によって赤ジソ、青ジソなどがあり、古来、日本料理の香りづけに欠かせません。菓子では、梅干やしば漬けでおなじみの赤ジソの方がよく用いられ、餡入りの餅菓子を赤ジソで包んだ「甘露梅」などが知られます。

◎ 山椒

ミカン科の落葉低木。葉と実に特有な香りがあり、古来、香辛料として使われます。七味唐辛子に加えたり、鰻のカバ焼きのふりかけ用にする割りザンショウがなじみ深いでしょう。菓子では、山椒餅や切山椒《きりざんしょう》（上新粉に砂糖、山椒汁などを混ぜ、蒸してつき、のばして切ったもの）などが、古くから作られています。

◎ 山芋

栽培種のつくね芋や自然種の自然薯《じねんじょ》があります。薯蕷饅頭や鹿児島名物軽羹などがその代表で、山芋特有の香りが独特の風味を醸し出します。

また、砂糖によっても香りが付加されます。

◎ 黒砂糖

精製されていない黒褐色の砂糖。かりんとうなどの駄菓子に代表されるように、特有の香りとこくのある甘味をもちます。

◎ 和三盆糖

香川県と徳島県で、伝統的な手法により作られる高級砂糖。原糖を手作業で蜜と結晶にわけるため、独特の風味が残ります。

和三盆とは中国の唐三盆に対してつけられた名で、三盆の意味は①長崎駐在の中国官吏の位階「三品《さんぼん》」から ②盆（研槽《とぎそう》）で三度研《と》いだため ③本家の中国では糖液を移すのに盆（中国語で鉢のような器）を三度用いるためなど、諸説あります。

口に含むとさらりと溶けるため、木型で作る押物や干菓子によく使われます。また、葛切の蜜や水羊羹の香りづけにもなっています。

和三盆製造工程

このほか、餡の主要材料である小豆も豆独自のほのかな香りがついていることをお忘れなく。こうして思い浮かべると、和菓子でも香りがうまみをひきたてていることがわかります。嗅覚をもっと働かせて和菓子を楽しんではどうでしょう。

さて、香りといえば、香道の世界も和菓子と関連の深いものです。香道で使う香木の銘が和菓子の銘と同様に、古典文芸からとられることが共通点ですが、意匠の面では、源氏香図文《げんじこうずもん》が和菓子にも見られます。

源氏香図文とは、香合わせに使われる符号のこと。五種の香をそれぞれ五包、計二十五包作り、香元が任意にたく五包の異同を聞きわけ、線で示すものです。つまり同香であれば、横線をひくわけで、その組み合わせが五十二種類あることから、『源氏物語』五十四帖の各帖から名前がつけられています（二帖分足りないため、「桐壺《きりつぼ》」と「夢《ゆめ》の浮橋《うきはし》」は、省略されます。もしくは「桐壺」と「賢木《さかき》」を同じ形とし、「夢の浮橋」は「行幸《みゆき》」の形を模様がえします）。

この源氏香図文は華道、茶道とともに香道が流行した江戸時代に一般にも広まり、

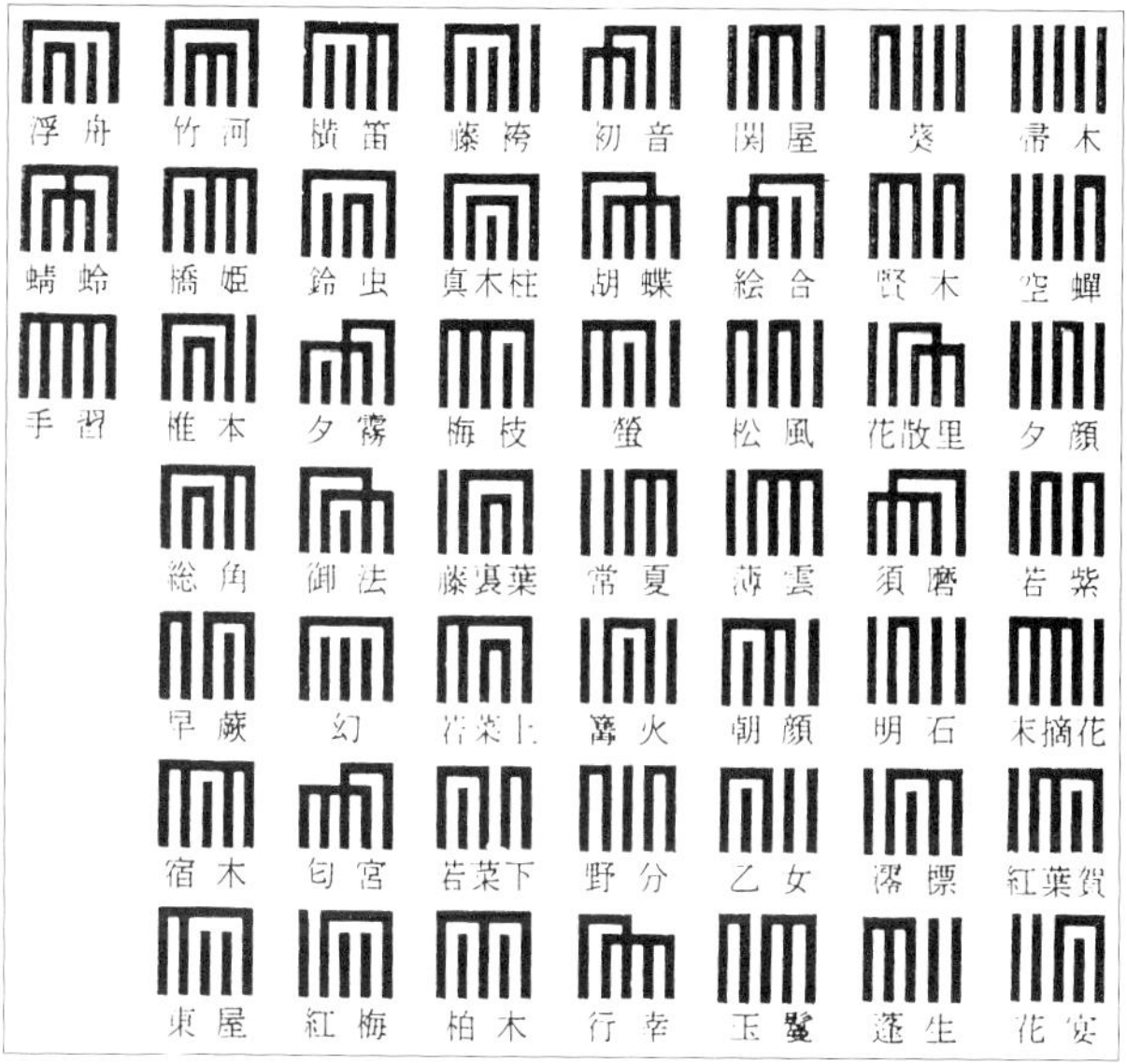

帚木
空蟬
夕顔
若紫
末摘花
紅葉賀
花宴
葵
賢木
花散里
須磨
明石
澪標
蓬生
関屋
絵合
松風
薄雲
朝顔
乙女
玉鬘
初音
胡蝶
螢
常夏
篝火
野分
行幸
藤袴
真木柱
梅枝
藤裏葉
若菜上
若菜下
柏木
横笛
鈴虫
夕霧
御法
幻
匂宮
紅梅
竹河
橋姫
椎本
総角
早蕨
宿木
東屋
浮舟
蜻蛉
手習

源氏香図

源氏香図の菓子　花宴

着物や工芸品の意匠にも取り入れられました。菓子にもその形や情趣が好まれ、干菓子ほか、饅頭や焼菓子に押す焼印に使われています。木型の場合、「紅葉賀《もみじのが》」には紅葉、「花宴《はなのえん》」には桜という具合に、源氏香図文と植物を組み合わせるなど、物語の情景を彷彿させる心憎い工夫を見ることもできます。実際に香りがしなくても、香りがもたらす古典文芸の世界は人々の心を魅了したのでしょう。

音　菓銘の響き

食べる和菓子に「音」とは意外と思われるかもしれませんが、耳による楽しみも和菓子の魅力の一つです。

人間一人一人に必ず名前があるように、和菓子にも名前や由来がつきもの。旅に出れば、その土地ならではの民話や名所に因む菓子との出会いが必ずあるはず。菓銘の由来を聞くことによって、各地固有の風土や人情を感じることができます。

旅土産の和菓子以上に、茶事で使う菓子は菓銘も茶会の趣向を決める構成要素の一つ。茶碗や水指、茶杓などの道具を季節や茶会の内容によって選ぶように、菓子の選択にも気を配ります。茶道具同様に、菓子にも四季の自然風物や古典文学に因んだ名

音

前がついているのは、こうした理由によるのでしょう。

菓銘を聞くことで、季節を読みとり、日本語の美しさに触れる楽しみは、生活にゆとりが出始めた現在、もっと注目してよいように感じます。最近は、生菓子の銘を明記しないで販売する和菓子屋もあるだけに、和菓子ファンの私としては少々残念。茶会の趣旨に応じて、おのおのが名前をつけていいわけですが、作り手が何をイメージしたのか知りたいし、教えてほしいと思うからです。

さて、和菓子の名前を分類すると次のような項目があげられます。
①植物（及びその異名）
霜紅梅・花椿・遅桜・深見草《ふかみぐさ》（牡丹）・女郎花《おみなえし》・延年《えんねん》（菊）
（梅・菊・桜・藤・牡丹・椿などが上位を占めます）
②動物
鯨餅・友千鳥・兎饅《うさぎまん》・鶉焼
③自然現象
八重霞・雪餅・薄氷《うすらい》・朝日餅・時雨餅
④材料・製法

牛蒡餅・小豆羹・豆餅・栗羊羹

⑤名所

竜田餅・嵐山・難波津・吉野山

⑥謡曲

桜川・菊慈童《きくじどう》・紅葉狩

⑦人物

定家餅・利休饅頭・源氏飴

⑧風景

秋の野・春の山・初日の出・都の錦

⑨中国に故事来歴のあるもの

粽・西王母《せいおうぼ》・重陽

⑩生活用品

貝合わせ・茶巾餅・砧巻き

⑪衣裳に関するもの

山吹襲《やまぶきがさね》・染絹《そめぎぬ》、重絹《かさねぎぬ》

このほかにもまだまだありますが、①の植物に因んだ名が一番多く、特に『万葉集』や『古今和歌集』で頻繁に詠まれる花がよく使われます（歌に詠まれる花の中では、萩の花があまり見られないのが例外です）。

また、風景や名所に関した名前も、和歌や古典文学との結びつきが強いもの。たとえば、竜田は、奈良県の地名ですが「竜田川紅葉乱れて流るめり　渡らば錦《にしき》なかや絶えなむ」（古今和歌集・秋下・読人不知）の歌があるように、紅葉の名所として有名で、意匠にも楓形や紅・黄色の組み合わせが使われます。

古典文学に因んだ茶道具の銘については、室町時代、八代将軍足利義政の頃の「松島」「三日月」などの名物茶碗にその萌芽があり、江戸時代初期、小堀遠州《こぼりえんしゅう》ら茶人によって茶入ほか各茶器に多用されたと伝えられます。一方、菓子の場合は、これに後れ、前述したように元禄時代の頃に銘が工夫されるようになり、当時の教養書『古今和歌集』や『源氏物語』などの古典文学がその源になったようです。

また、菓子の命銘は、時の天皇、関白、大名や茶道の家元、菓子屋の店主によってなされたと考えられます。*が、菓銘がすでにあり、あとから菓子意匠を考えることもあったでしょうし、茶会の趣向に応じて、菓子の名前を変えることも試みられたでし

龍田の淵

ょう。いずれにしても、当時の教養ある人々は、菓子を見て菓銘を聞くなり、和歌の一首や二首は暗誦できたり、即興で詠むこともあったかと思われます。菓銘をきっかけに、年中行事ほか、中国の古典や画題などへと、話題は広がりを増し、優雅な一時となったことでしょう。

こうした余裕ある和菓子の楽しみ方は、今後もますます取り入れたいもの。現代感覚あふれる和歌でもよし、俳句にしてもよしで、和菓子を通じて趣味が増えたり、人間関係の輪が広がることにもなるでしょう。

＊虎屋では、江戸時代後期に、光格天皇や仁孝天皇、近衛内前公から、それぞれ「玉《たま》襷《だすき》」「常夏《とこなつ》」「蓬が嶋」ほかの御銘をいただいた記録が残っています。御銘は大変名誉あることだけに、歴代の店主も晴れがましい気持ちで、文書にしたためたと思われます。

味　餡の味きき

和菓子の命といえば、餡。洋菓子でいえば、クリームにもたとえられる餡は、饅頭やどら焼のように生地の中に入れたり、おはぎや団子のように外側につけたり、寒天と一緒に煮溶かして羊羹にしたり、用途も様々です。餡にはカボチャ、栗、味噌などの種類がありますが、その代表は、和菓子の大半に使われる小豆餡でしょう。味の決め手となるこの小豆餡こそ、和菓子屋の個性が出るところ。いろいろ賞味して、自分好みの餡の味を極めるのも楽しいでしょう。

おいしい餡を作るためには、何よりも良質の小豆が必要です。餡を知るにはまず小豆からというわけで、少々こだわってみましょう。

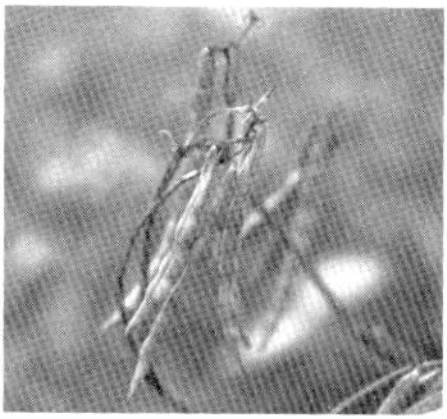

小豆

◎　小豆と日本人

小豆は東洋原産といわれ、『古事記』や『日本書紀』に、大宜津比売神《おおげつひめのかみ》の鼻から小豆がはえてきたという穀物神話があるほか、『正倉院文書』にも「小豆餅」の名が見えることから、八世紀には日本でも栽培されていたと考えられます。古来、赤色は、太陽、血、火を象徴する生命の色とされ、魔よけに使われており、小豆も赤に近い皮の色合いから、邪気を払うと信じられました。現在も、慶事に赤飯を用意したり、行事食として、小豆飯や小豆粥、おはぎを食べるのもこうした根強い民俗信仰によるところが大きいでしょう。同様の風習は中国の長江流域や朝鮮半島にも見ることができ、食文化の伝播を物語っています。

実際、小豆はたんぱく質やビタミンB_1を多く含み、脚気にも効く食物として知られます。昔の人も長年の経験から小豆のすぐれた栄養価を感じていたのでしょう。かつて、疱瘡《ほうそう》の流行った時代には、小豆がとても珍重されました。疱瘡神は赤色を嫌うことから、小豆を袋にいれて枕にしたり、供え物や治療食にしたのです。小豆は繊維質に富み、栄養価が高いことから、現在でも健康食品の一つとしても見直されています。

◎小豆の種類

おいしい餡作りのためには、粒がそろって光沢があり、煮詰めても形のこわれない小豆が理想的。良質の小豆の産地としては、日中に日があたり、夜は冷え込むという寒暖の差がある場所が望まれます。このため、生産地によって、小豆の形・色はもちろんのこと、風味に大きな違いが出てきます。日本では、北海道の十勝平野をはじめ、東北を中心に全国各地で生産されていますが、その色・形・成熟期などにより、五十種類ほどに分類されます。また、最近では、中国や東南アジア、アフリカからの輸入も多く、小豆の国籍も様々です。

一般に和菓子によく使われる大粒の小豆は「大納言《だいなごん》」と呼ばれますが、これは宮中の大納言職に因んでつけられた名前。由来は諸説ありますが、尾張の名産で大粒のため、尾張大納言に言寄せたともいわれます。

また、練りきりやこなし、きんとんの餡に使う白小豆は、小豆以上に品質が問われるもの。現在、北海道、群馬県や岡山県などが主な生産地ですが、一般に市販されていないため、見たことのない方が多いでしょう。外見は文字どおり皮の白い小豆ですが、白餡にした後、着色できる利点があり、上生菓子に欠かせない材料です。とはいえ、小豆以上に天候に左右されやすい繊細な植物で、連作もきかず、生産量が少ないため、価格は小豆の五〜六倍。白小豆ではなく白ささげや白隠元で白餡を作る和菓子屋も少なくありません。

◎　小豆餡の種類

選別して入手した小豆は、砂糖とともに煮詰められ、餡になるわけですが、その種類を大別すると、漉し餡、小倉餡があります。古来、皮を除き、中身で作る漉し餡の方が、舌ざわりのなめらかさ故か上質とされたため、御膳餡《ごぜんあん》とも呼ばれます。

一方、粒の状態を残した小倉餡は、汁粉にすれば田舎汁粉の別名があるように、鄙びた趣のあるもの。小豆餡の歯ごたえがおいしさの源で、庶民的な味わいですが、名前の由来は意外にも京都市嵐山近辺の小倉山からきているとのこと。

小倉山峰のもみぢば心あらば
　今ひとたびのみゆきまたなむ
（『拾遺和歌集』雑秋・藤原忠平）

の歌に因み、粒餡を紅葉に縁のある鹿の鹿子斑《かのこまだら》に見立てて、「今ひとたびのみゆきまたなむ」(みゆき・行幸―天皇のご外出のこと)と、その美味を賛えたことから、小倉餡の名がついたというものです(『日本国語大辞典』小学館)。

また、最中や押物には餡に水飴をいれた飴餡なども使われています。

高品質の小豆が手にはいっても、餡作りに細心の注意を払わないとおいしい和菓子はできないもの。できるだけ色、形のそろった同品種の小豆を使い、煮えムラを少なくして皮が破けないように、固さもほどよくすることが大事です。この煮方も店独自のやり方があり、営業秘密ですが、その年の小豆の質によって、様子を見ながら煮る時間や火力を加減します。マニュアルどおりにやれば良いというわけではなく、和菓子屋は、常に経験に裏打ちされた自分の舌と勘で、おいしい餡作りをめざしていかなければなりません。そうした裏方の努力を時には想像して、餡をじっくり味わってみるのもまた乙なものかも? 餡の味ききにもそれなりの経験が必要なようです。

知　中国の故事来歴

和菓子の由来には、中国の故事来歴や行事に因むものが少なくありません。知識として知っていれば、ちょっと通になった気分で菓子の味わいも深みが増しそう。代表的なものをあげてみましょう。

◎屈原と粽

端午の節句に食べる粽は、柏餅以上に歴史のある食物。平安時代には、すでに宮中行事の端午の儀式で使われていました。この粽の起源として知られるのが、屈原の故事です。

粽

屈原は、戦国時代紀元前四～三世紀頃の楚国《そこく》の政治家で、詩人としても高名。王の乱行を諌《いさ》めましたが、聞き入れられず、失意のうちに汨羅川《べきらがわ》に身を沈めます。里人はこれを哀れみ、屈原の命日にあたる五月五日、竹筒に米をいれて投じ、供養物としますが、淵の蛟竜《こうりゅう》が盗んでしまうので、邪気を払うとされた楝（おうち）の葉で包み、五綵《ごさい》（五色）の糸で縛りました（『続斉諧記』）。この供養物が粽の始まりといわれます。

現在も屈原が身を投げた中国の湖南省汨羅江ほとりの屈子祠村では、農暦五月五日の端午節に屈原の供養をしますが、このほか、中国各地で粽を食べる風習が伝えられています。

なお、古代文学研究者、聞一多氏の考証によれば、この端午節の前身として竜子節があったとのこと。*竜子節では、江南に暮らす古代呉・越の人が竜を祭り、竜の形をした丸木舟をこいで、木の葉に包んだり、竹の葉に包んだ食べものを川に投げる風習がありました。粽の起源も竜子節に遡ると考えられますが、屈原の気高い品性と、素晴らしい詩が愛されたため、屈原伝説が受け継がれ、粽の起源説として浸透していったようです。

◎西王母と桃

西王母とは、中国の伝説に見える仙女の名で、漢の武帝に不老長寿の仙桃（蟠桃《はんとう》）を与えたと伝えられます。この桃が、三千年に一度花が咲き実がなることから、桃に「三千歳《みちとせ》」の異名がつけられました。『西遊記』には、孫悟空が西王母の栽培する桃の畑（蟠桃園）の管理役になり、桃をたらふく食べて大あばれする場面があり、京劇でもおなじみでしょう。中国では、慶事に桃形の饅頭を食べますが、日本でも桃形の和菓子に「西王母」「仙（千）寿」等の名前が使われるのは、この故事によるものです。

◎重陽と菊

重陽とは、陽の数（奇数）の極である九が重なる旧暦九月九日のこと。中国から伝えられた五節句行事の一つとして、この日には、長寿を保つために菊酒（菊の花を浮かべた酒）を賞味したり、菊花を観賞する習わしがありました。

平安時代中期には、重陽の前日、菊の花に綿をのせて香りを移しとり、翌日の九日にその綿で体をぬぐい、不老長寿を願う「着綿《きせわた》」の風習が貴族の間で広まります。菊のもつ強い生命力を我が身にも宿らせたいと願ったのでしょう。
『枕草子』の十段にも「九月九日は暁がたより雨すこし降て菊の露もこちたく、覆ひたる綿などもいたくぬれ、うつしの香ももてはやされて……」と、しとりを帯びた綿から、より一層菊の香が漂ってくるような描写があります。

現在もこの「重陽」や「着綿」に因んだ菓子が作られています。多くは、菊の花形ですが、重陽の日には、栗飯や蒸栗を食べる習わしもあったので、栗形の菓子も見られます。また、「着綿」の場合は、菊を象った練りきりや外郎などの上に、綿を表わす白いそぼろ餡や円形の生地を置くことが多く、気品ある意匠です。

このほか、中国の菊の伝説も日本に伝わり、今日にも語り継がれています。たとえば、南陽酈県《なんようれきけん》の甘谷《かんこく》の水が、菊の精分を溶かして流れるため、この谷川の水を飲む人々は、長命であるという菊の下水伝説。菊を服用したため、七百歳の長寿を全うした仙人、彭祖《ほうそ》の説話など。また、能の曲名にある「菊慈童」も出典は不明ですが、周の穆王《ぼくおう》の寵童が菊露を飲んで不老不死になったという、中国を舞台にした内容です。こうした伝説は押物などの菓銘にも取り入れられていますので、予備知識として知っておくと、意匠と伝説のつながりがわかり、おもしろいものです。

猩々餅と友白髪

◎猩々

古典文芸に詳しくなければ、意味不明の名前でしょう。猩々《しょうじょう》とは、想像上の獣の名。体は朱紅色の長い毛で覆われ、顔は人に、声は子供の泣き声に似て、酒を好むといわれます（このため、猩々には大酒を飲む人、酒豪の意があります）。怪奇小説にでも出てきそうな恐ろしい姿ですが、実は福をもたらす瑞獣です。

能の「猩々」も、潯陽江《じんようこう》で猩々が高風という親孝行の青年を賛えて無尽蔵の酒壺を与え、舞いを舞うという、おめでたい内容になっています。

また疱瘡の子供の頭にのせる紅木綿の手

ぬぐいは猩々の赤い毛にたとえられました。菓子でも木型に能の「猩々」の意匠があるほか、糸状にした紅の生地を、猩々の毛に見立てた「猩々餅」が作られています。同じ形で白色の「友白髪」と組み合わせ、祝儀に使われます。

＊兵桓興『中国の民俗をたずねて』中国広告社　一九八九年

巧　菓子木型の造形美

洋の東西を問わず、型を使って作る菓子は、数多いもの。金型、鋳型や瀬戸型など素材もいろいろですが、日本の菓子木型ほど、職人芸を感じさせるものはないでしょう。木彫りの技術をいかして、絵画的な意匠も自由自在。美しく豪華な和菓子を作るには、菓子木型が欠かせません。菓子を作るための道具に過ぎないとはいえ、優れた木型は、美術工芸品に等しい価値があります。

菓子木型は、こなしや求肥生地の生菓子にも使われますが、その造形の魅力は、何といっても落雁などの押物や、小さな干菓子に発揮されるといえるでしょう。落雁の誕生に伴って木型も作られたと推測すると、江戸時代の初期にあたる寛永（一六二四

落雁づくり
古今新製名菓秘録

～四四）頃には、長方形や丸形の単純な形の木型があったと考えられます。*

以後、技術も進み、江戸時代半ば以降には献上用や将軍**お好み用の、大型で精緻な意匠の木型も生み出されます。また、鯛や金太郎、猩々などの赤い色を使う意匠は、赤が厄よけの意になることから、民間でも疱瘡見舞いに好まれました。

明治時代に入ると、大型で豪華な意匠の押物は「御前菓子《おまえがし》」と呼ばれ、宮家や財閥の当主家の諸行事（主に祭祀関係）に使われました。御前菓子の御前とは、神仏や貴人の前を指し、「お（ん）まへに参らせる菓子」の意から、その名がついたといわれます。生花の代わりに仏前に供えることもあり、この時は枕《まくら》と呼ばれる坊主型《ぼうずがた》（上が丸い柱形）の菓子を支えに用いました。現在ではお供え用というよりも、主に結婚式の引出物や記念品として作られます。

最近では押物の需要が少なくなったせいか、木型職人の数も減っています。東京広しといえど、その数は、五本の指にも満たないでしょう。菓子づくりの裏方ともいえる木型職人の仕事は地味なうえ、高度の技術を要するため、後継者を育てるのは大変です。

さて、木型は実際どのように作られるのでしょうか。今では希少価値の木型の種類

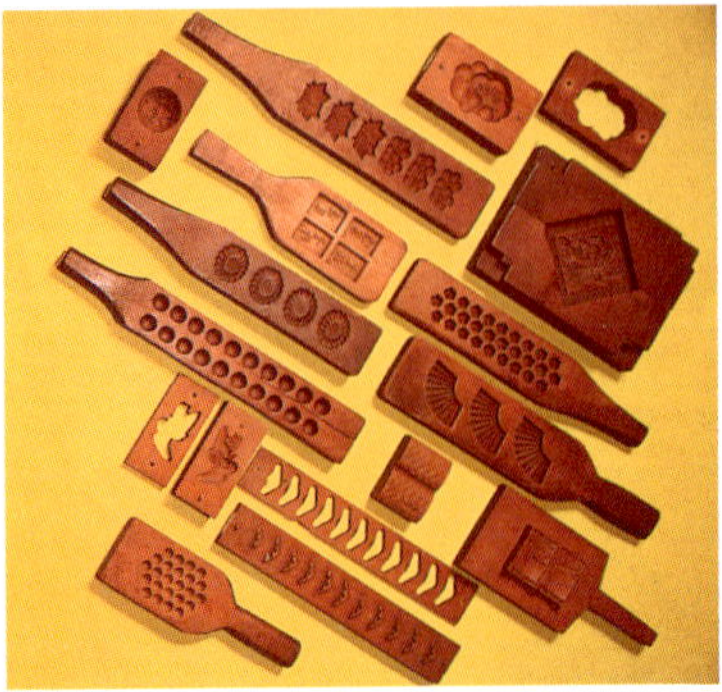

菓子木型

や製法について、触れましょう。

菓子木型は、大別して一枚型と、二枚の板が組になる二枚型の二種に分けることができます。一枚型は、茶席の干菓子のように、小さく薄いもの用に作られることが多く、二枚型は、厚みのある大型用が中心になります。

二枚型は、上部を下司板《げすいた》、下部を台といい、台に菓子の意匠が彫りこまれます。下司板は、菓子の厚みを作るために、意匠の輪郭線に合わせて彫りあけられています(下司板の下司とは、菓子の下の部分を指すと考えられます)。この二つの板は、小さな竹ダボで接合できるようになっており、最初、台に菓子材料を詰めた後、下司板をかぶせ、

型に生地をつめる

また材料を詰め、形作りをし、型から取り出すわけです。菓子木型の素材としては、丈夫でくるいの少ない桜の木がよく、北海道のヤマザクラなどが適しているそうです。

四十年以上、菓子型を作り続けている東京荒川区の伊藤長壽さん（銘は型蝶《かたちょう》）によれば、菓子木型の工程は、

①型板の大きさを決める（生菓子用は普通、四・五寸×二・五寸〈約十三・五センチ×七・五センチ〉）

②荒削り　菓子の目方によって模様の大きさを決め、荒削りをする（主に電動ドリルと木工用糸鋸を使う）

③手彫　ノミを使って彫り分ける

の順序となり、一挺《いっちょう》の木型が完成される

にはふつうもので三、四時間、手の込んだものでは一週間かかるそうです。

　意外に気づかれないのですが、菓子型の彫りの難しさは、図柄が反対になること。判子《はんこ》の彫りと同じですが、菓子には、絵画的な曲線もあり、深さも一様ではありません。加えて、道具として使うため、菓子の目方にずれがないよう、また、菓子がよく抜けるように考慮しなければなりません。

　彫りながら、製品になった（つまり反転した）図像を想像するには、熟練と勘の良さが問われます。伊藤さんがお持ちのノミは、今や五百本以上。伊藤さんの手になじんで造りかえられて、彫り手の技を引き出していきます。

江戸～明治時代の木型の中には、型平、型新、型鉄などの菓子木型職人の銘が彫られたものがあり、型蝶さんこと伊藤さんのお仕事は、そうした先人の職人気質を現在に受け継ぐものでしょう。

　また、菓子木型はそれ自体、造形的に美しいため、古道具屋に高値で出まわることもあり、収集家もいるとのこと。四季の風物を題材にした手の込んだ意匠は、日本ならではの特色ですが、韓国や中国には文字や幾何学模様を彫った珍しい木型もあり、お国柄がうかがえます。現在では菓子屋に限らず、国内外の美術館でも木型を所蔵するところがあり、役目を終えた菓子木型が、菓子文化を語る遺産として研究対象になったり、鑑賞用として私たちの心をなごませてくれます。かつては（今でも？）菓子屋が経営上行き詰まり、木型を売り払うこともあったと聞きますが、今後は木型が散逸しないよう、各地方公共機関で保存、研究が進むよう望みたいところです。

＊落雁の由来は一二一頁で述べたように、逸話によれば安土桃山時代の後陽成天皇の御代まで遡りますが、現在のところ当時の茶会記に落雁の記録は見あたりません。
　虎屋の寛永十二（一六三五）年の御用記録に「らくかん」の名があり、この頃には簡単な木型を使ったと考えられます。消耗品であるためか、当時の木型は残っていませんが、宝永六（一七〇九）年の墨書きのある八ツ橋の木型が現存しています。元禄元（一六八八）年序『合類日用料理抄《ごうるいにちようりょうりしょう》』の菓子類の「落雁」に「菊扇草花生類いろいろをほりこみたる木のかた（型）へ　右のさたう（砂糖）道明寺合たるをへらにて摺こみ　木のかたへうつふけてたたけはらくがん（落雁）になり申候」と見えることからも、この頃には様々な木型を使う菓子が作られていたことがわかります。

＊＊十一代将軍徳川家斉（一七七三〜一八四一）や紀州の徳川治宝公（一七七一〜一八五二）があげられます。それぞれの御好み記録と木型は、国立民族学博物館と和歌山県総本家駿河屋に保存されています。

美　琳派の意匠

和菓子の美の理想とされるのが、尾形光琳《おがたこうりん》（一六五八〜一七一六）の意匠です。「紅白梅図屏風」「燕子花《かきつばた》図屏風」など、元禄文化を代表する光琳の作品は、今なお斬新で魅力あふれるもの。光琳意匠の特長は、平安時代以降の王朝美を継承しつつ、江戸時代の町衆文化の気風を盛り込み、簡潔ながら洗練を極めていることにあるでしょう。これは光琳が、高級呉服商、雁金屋《かりがねや》に生まれ育ち、その恵まれた環境により、幼い時から、独自の色彩そして造形感覚を磨きあげてきたことによると考えられます。

光琳の考案した衣裳文様は、『当風美女ひいなかた』（一七一五）などの刊行により在世中から流行し、後には、『雛形紅葉錦当流光琳新もよう』（一七三八）、『光琳風雛

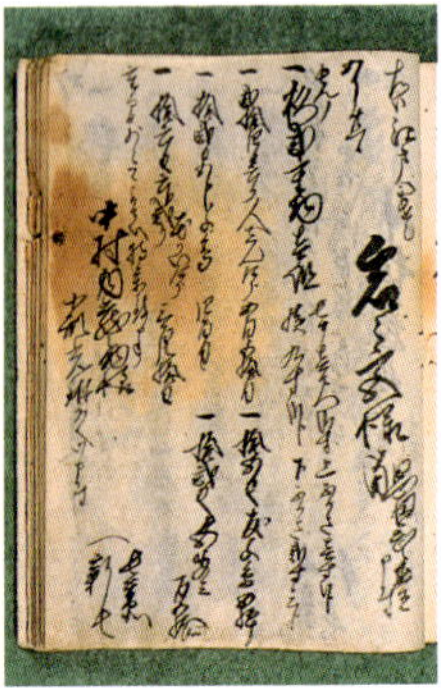

諸方御用留帳
（当時は小形光琳）

友千鳥と色木の実

形瀧の糸』（一七四五）などの多くの雛形本が生み出されました。それらは、光琳模様として人気を集め、現在に至るまで家紋や和服、陶器の絵つけに生かされています。

現代の和菓子作りにおいても、製法書に「光琳風」あるいは「光琳様」のたとえで、光琳の意匠が手本にされることが多いものです。単純な形ながら、対象の本質を無駄なく洗練味を加えて表現しているところに、和菓子意匠の手本となる魅力があるのでしょう。特に松、菊、梅、桔梗、紅葉など植物を題材にしたものは和菓子にも造形化しやすく、「光琳梅」「光琳菊」などの菓銘で、生菓子や干菓子が作られています。

それでは、光琳が生きていた時代の菓子は、どうだったのでしょうか。光琳の名を冠した菓子の名は見られないとはいえ、興味深いことに、光琳中付による中村内蔵助《なかむらくらのすけ》あての御菓子注文記録が残っています。*中村内蔵助は、光琳の後援者でもある銀座の役人で、光琳による肖像画も残る人物（大和文華館所蔵）。記録の菓子は宝永七（一七一〇）年五月二十一日の注文で、光琳から内蔵助への贈答品とも考えられます。その内訳は「色木の実《いろこのみ》」「友千鳥」ほか「氷雪焼」「松風」「源氏かや」「花海棠《はなかいどう》」など、干菓子も含めて全十種で、杉二重物（杉二重の折箱）一組に詰めたことがうかがえます。

このうち「色木の実」は、葉と木の実意匠の組み合わせによる生菓子、「友千鳥」は、小豆を千鳥に見立てた棹菓子で、現在も作られています。

「和菓子こと始め」で述べたように、当時は、花鳥風月に因んだ菓子が広まっており、精巧な木型も存在しています。中村内蔵助への菓子がどのように選ばれたかは、まったくわかりませんが、このような記録を見ると、ひょっとしたら、光琳も、和菓子のデザインをしたことがあったのでは？　と思いたくなってしまいます。菓子職人が光琳の作品を参考にするだけでなく、光琳自ら、現在のアートディレクターよろしく、菓子の意匠に一言あったとは考えられないでしょうか。

光琳には、おもしろいエピソードが残っています。嵐山で花見の宴があった時のこと。町衆女房方がそれぞれ持参の華麗な蒔絵の器を開く中で、光琳は、粗末な竹の皮の弁当を取り出しました。光琳のこと、ただの竹の皮ではあるまいと一同が見つめると、その内側には、総金箔地に銀泥の桜花をちりばめた自筆の絵が描かれていた由。さすがと一同賞賛する中、光琳は食べ終わると、その竹皮を屑のごとく、傍らの川に投げ捨ててしまいます。本物の桜の花びらが散り流れる中で、光琳の描いた花は、一同の眼を魅了したわけですが、実に心憎い演出です。

このようなセンスあふれる光琳が、和菓子の造形をどうとらえ、どう楽しんだか、気になります。実際、光琳の子孫にあたる京都の小西家に代々伝えられた画稿《がこう》類には、印籠や蒔絵の下絵とはいえ、和菓子の意匠に使えそうな図案がかなりあります。また、壽字や菊花の型紙は、菓子木型の意匠に共通しています。文献上の記録にないとはいえ、光琳が菓子のデザインに思いを巡らしている姿を想像するのは、小説を読むような楽しさがあるもの。絵筆の傍らには、光琳お好みの干菓子や木型などが置いてあったかもしれません。

光琳に話が集中してしまいましたが、琳派（本阿弥光悦《ほんあみこうえつ》、俵屋宗達《たわらやそうたつ》に始まり、尾形光琳を中心に弟の乾山《けんざん》、酒井抱一《さかいほういつ》、鈴木其一《すずききいつ》に続く画風）に見られる意匠は和菓子の色かたち、包装紙にかなりの影響を与えています。特に光悦が書をしたため、宗達が金銀泥で下絵を描いた和歌巻や短冊、色紙は、みやびな中に生き生きした張りのある美しさがあり、和菓子の世界に通じるといえるでしょう。

現代に生きる古典美の世界……。和菓子を賞味することは、伝統美術に触れ、美的感覚を磨く機会にもなりそうです。

＊虎屋の宝永二（一七〇五）年『諸方御用留帳《しょかたごようとめちょう》』に所載。

創　自己流和菓子の工夫

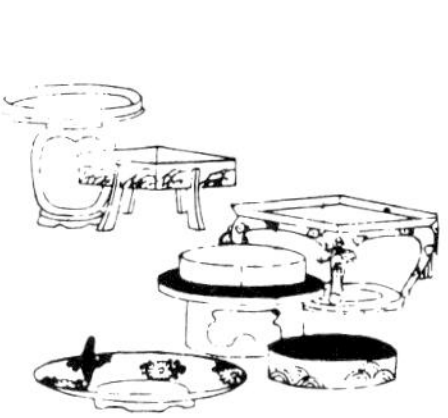
菓子器　古今新製名菓秘録

◎食べ方を工夫する

京都の菓子屋、萬屋五兵衛が江戸時代後期に出した引き札（チラシ）におもしろいコピーがあります（『おちばかご』）。カステラの由来を述べた後、カステラの食べ方をPRしているのですが、曰く、

「寒気の節《とき》は　ふたものに入　沸湯《にへゆ》さして御用《もち》ひ
暑気《しよき》の節は　右に同しく　冷泉《ひやみづ》にひたして御用ひ
酒肴《しゆかう》には　右に同しく　大根《だいこんの》おろし山葵《わさび》の類《るい》にて御用ひ

其外煮物《にもの》のさし込《こみ》　料理《れうり》ものの取合《とり》　酒《さけ》の二日酔《ふつかゑひ》によし……」

つまり、寒い時には沸湯をかけ、暑い時は冷や水にひたし、酒の肴《さかな》には大根おろしや山葵といっしょにどうぞ！　というわけです。大根おろしや山葵をつけたカステラなどは、少々敬遠したいところですが、切ってそのまま食べるだけでなく、食べ方を工夫するのも、和菓子の楽しみ方の一つでしょう。

チラシのカステラの例は、少々極端ですが、食べ方がいつも同じになっている和菓子もあるのではないでしょうか。羊羹などの棹菓子も、たまには包装紙のミシン目や印どおりに四角に切らないで、さいの目切りにするなど変化をつけてみたいもの。一口サイズに切った外郎や羊羹を、みつ豆にいれるのも目先が変わります。時代小説家N氏は葡萄パンに羊羹をはさんでたべるのがお好きだったとのこと。カステラに羊羹をはさみ、自家製シベリヤ（カステラ生地に羊羹をはさんだ菓子）を作る感覚といえるでしょう。考えてみれば、パンに餡をつめた餡パンも似たようなもの。ほかの素材と組み合わせるのも工夫のしがいがあり、新たな味の発見になります。

また、饅頭の場合は、衣をつけて揚げてみるのもおすすめです。揚げ饅頭の商品名で市販されていますが、家で揚げたてを食べるのが最高でしょう。

饅頭の伝来した当初のように、たれ味噌をつけたり、汁にいれて食べたりするのも、昔が偲ばれて味わい深いかもしれません（この場合、中身は甘くない方がよさそうですが）。

◎ 飲み物を選ぶ

「和菓子とお茶に組み合わせのきまりはあるのですか？」と聞かれることがあります。茶会の席ではお薄《うす》に干菓子、濃茶《こいちゃ》に生菓子がふつうで、風味の強い肉桂や胡麻入りの菓子は、お茶の味わいを消すとして避ける傾向があるのは確か。しかし、あらたまった席でなければ特に決まりごとはなく、中国茶や流行《はやり》のハーブティでも結構だと思います。お茶を選ぶのも菓子を楽しむ工夫の一つ。胡麻を使った菓子には中国茶、煎餅にはほうじ茶、カステラにはセイロンティのように、人それぞれ、自分の味覚にあうおいしいお茶を探してみてはどうでしょう。お茶と和菓子のミニパーティも、友人、知人を囲んで楽しい一時を過ごすには、さほど手間もかからず気軽に楽しめるもの。和菓子談義に花が咲き、カップのお茶が空になるのも早いでしょう。

◎ 器にこだわる

饅頭には食籠《じきろう》、干菓子には高坏《たかつき》や盆、生菓子には縁高《ふちだか》など、茶会では、菓子をいれる器にも亭主の趣向が凝らされます。家庭では器の種類も限られますが、葛や寒天を使う菓子には涼しげなガラス器、おもてなしの煉羊羹には青磁の皿、饅頭の盛り合わせには陶磁器の深鉢、干菓子に洋食器など、自分なりに器と菓子の組み合わせを考えてみたいもの。美食家で知られる陶芸家の北大路魯山人《きたおおじろさんじん》が「器は料理の衣裳」とたとえたように、和菓子も盛る器によって表情が変わります。

◎ オリジナリティあふれる和菓子を創る

結婚披露宴や表彰式、発表会など、特別のお祝い事に和菓子を使うことは多いもの。贈り手の心が和菓子に託されます。紅白饅頭や縁高にいれた松竹梅文様の生菓子のように、伝統的な慶事用のものがありますが、こうした折に自分ならではの工夫をしてみるのも楽しく、思い出になるでしょう。

簡単な例では、饅頭や焼菓子につける焼印です。寿や、松竹梅の焼印をつけた菓子はよく見かけますが、自分だけの焼印を作ってもらい、内祝いや記念品に利用するのも個性豊かです。同様に羊羹も型紙を使えば、表面に字や模様を刷り込むことができます。個人ならイニシャルや家紋、好きな植物や動物のマーク、組織なら社名のロゴなど、意匠のアイデアは身近なところにあるもの。また、思いきって押物やこなし用の菓子木型を作るのもよいでしょう。意匠によっては、この世にただ一つしか存在しない菓子にもなります。焼印の場合は一万円ぐらいから、木型の場合は三〜四万円ぐらいから作ってもらえます。

和菓子店のパンフレットに「お客様のお好みによりまして、いかようにもご調製致します……」とあるように、何かアイデアが浮かんだら、まずは相談にのってもらうのも方法でしょう。

季　季節のメッセージ

四季折々に変化する和菓子の意匠や銘は、日本人の季節感の象徴でしょう。俳句の季語にも似ていますが、和菓子には、季節を感じとり、味わうという楽しみがあります。しかも単に春夏秋冬という四つの区分にとどまらず、季節の微妙な移り変わりを表現するのですから手がこんでいます。白地の生地に蕨形の羊羹を入れて、雪の中から萌え出ずる早蕨《さわらび》を表わしたり、紅と黄色の生地で、色づき始めた楓を形作るなど、変化し移行する時間を感じさせます。

残念なことに、最近では、この季節感が忘れられがち。梅や桜の菓子を見ても、きれいだなの感想だけで、自分をとりまく四季の変化を見過ごすことが多いように感じ

菓子製造風景

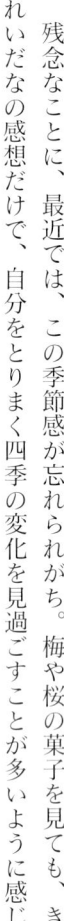

ます。もっとも、東京のような都会に住んでいると、自然に目をとめる余裕も機会もなく、季節の移り変わりに疎くなってしまってもしかたがないのかもしれません。京都の人が、東京の知人に、季節感あふれる色かたちの半生菓子や干菓子の詰め合わせを持っていったものの、一瞥《いちべつ》するだけで、あまり喜ばれなかったという話を聞いたことがあります。季節の風情を楽しむ点では、東京人は京都の人に及ばないでしょう。街から少し外れれば、すぐに山や川が見渡せ、紅葉や花見が楽しめる京都の環境と比較するのは無理な話ですが、都会に住んでいても和菓子に季節を感じとる感性は残していきたいものです。

和菓子に見られる季節感として、どのような意匠が題材になっているか、歳時記風に抜き出してみました（必ずしもその月に限定されるものではありません。目安としてお考え下さい）。

一月

意匠　松、梅、竹、雪、氷、南天、椿、水仙、鶴、亀、日の出

行事　御題菓子《おだいがし》（新年の歌会始めの御題に因むもの）、干支菓子、花びら餅

◈初子《はつね》の日に野に出て、小松をひき長寿を願った根引き松の風習から、若松の焼印を押した煎餅や饅頭などが作られます。

二月
意匠　梅、雪、氷、早蕨
行事　初午《はつうま》に因んだ狐の菓子、節分に関連した豆菓子

三月
意匠　菜の花、桃、貝、蝶、鶯
行事　雛祭りに関連した菓子（菱餅、いただき、草餅、あられほか、最近は桜餅）、おはぎ、利休忌に使う朧饅頭《おぼろまんじゅう》

四月
意匠　桜、蕨、春霞
行事　花見に因んだ菓子（花見団子、桜餅ほか）

五月
意匠　あやめ、かきつばた、つつじ、藤、山吹、青柳
行事　端午の節句に関連した菓子（粽、柏餅）

六月
意匠　紫陽花、牡丹、鮎、青楓
行事　嘉祥菓子、氷室、水無月

七月
意匠　水、川、撫子、星、百合
行事　七夕に関連した創作菓子、土用餅（暑気あたりをさけるため土用にたべる餡餅）

❖かつて七夕には、索餅《さくべい》と呼ばれる縄状の小麦粉食品が作られていました。七夕に因む和菓子は特になく、現在見られるものは近年に考案された新作で、糸巻きや天の河などがよく意匠化されます。

八月
意匠　水、波、朝顔
行事　彼岸用の押物（蓮形ほか）や団子

九月
意匠　桔梗、萩、月
行事　重陽に因むもの（菊、栗の意匠・新暦として十月に作ることもある）、月見団子、おはぎ

十月
意匠　雁、菊、柿、稲、栗
行事　亥の子餅（新暦として、十一月に作ることが多い）

十一月
意匠　紅葉、吹き寄せ、霜

行事　七五三用の千歳飴や生菓子

十二月
意匠　落葉、氷、雪
行事　冬至に関連して、柚子羹、柚餅子など

このほか葛菓子（六～八月）、水羊羹（夏期）、栗菓子（九～十一月）、薯蕷饅頭（十～三月）などがあります。

和菓子はまさに食べる季語。和菓子暦どおりに味わってみれば、かなりの種類が楽しめそうです。

●和菓子略年表●（主として本文に関係ある事項を選出）

時代	西暦	年号	政治・社会・文化	お菓子関係	西暦
縄文時代	前一万		縄文文化　採集経済		
弥生時代	前三〇〇		弥生文化　水稲耕作広まる 小国家分立	餅や団子の工夫	
古墳時代					
飛鳥時代	五九三	推古　元	聖徳太子、摂政となる		
	六四五	大化　元	大化の改新	当時の菓子は木の実や果物の総称 遣唐使により唐菓子がもたらされる	七〇〇頃
奈良時代	七一〇	和銅　三	平城京遷都	『養老令』に「主菓餅」という役職名あり	七一八
	七一二	五	『古事記』成立	正倉院文書のうち天平十年の『淡路国正税帳』に大豆餅、小豆餅、煎餅、浮餾餅の名あり	七三八
	七二〇	養老　四	『日本書紀』完成		
	七五四	天平勝宝　六	**唐僧鑑真来朝**	鑑真の積荷に石蜜・蔗糖・甘蔗の名が見える	七四二
				正倉院文書のうち、天平勝宝八年の『**種々薬帖**』に蔗糖の名あり	七五六
平安時代	七九四	延暦十三	平安京遷都	平安京の市には、索餅、心太、糖（飴・甘葛煎）、菓子（果実）を商う座があった	
	九〇一	延喜　元	菅原道真、大宰権帥に左遷		
	九二七	延長　五	左大臣藤原忠平らによって『延喜式』完成		

時代	年	年号	事項	菓子の歴史	年
平安時代	九三一〜九三八	承平年中	源順『**和名類聚抄**』を編む	『**和名類聚抄**』に梅枝、桃枝、桂心など八種の唐菓子の名が見える	
				『**枕草子**』に青ざし、甘葛などの記述あり	
	一〇〇五	寛弘　二	**紫式部**、一条天皇の中宮彰子に仕える	『**源氏物語**』に椿もちひ、粉熟の名あり	
	一〇一六	長和　五	藤原道長、摂政となる		
	一〇八六	応徳　三	白河上皇、院政開始		
	一一五六	保元　元	保元の乱		
	一一五九	平治　元	平治の乱		
	一一六七	仁安　二	平清盛、太政大臣となる		
	一一八五	文治　元	平家滅亡	**栄西**、宋より茶種をもたらし、喫茶の風習おこる	一一九一頃
鎌倉時代	一一九二	建久　三	源頼朝、征夷大将軍となる	禅僧により点心が伝来する	
	一二二一	承久　三	承久の乱		
	一二三五	嘉禎　元	**聖一国師**（円爾弁円）入宋	聖一国師、酒饅頭の製法を伝える	一二四一
				同年、**道元**『**正法眼蔵**』に饅頭の記載あり	
	一三三三	元弘　三	鎌倉幕府滅亡		
南北朝時代	一三三四	建武　元	建武新政		
	一三三八	延元　三	足利尊氏、征夷大将軍となる	**林浄因**、元より帰化して薬饅頭の製法を伝える	一三四一
	一三七八	天授　四	足利義満、室町新邸（花の御所）に移る	『**異制庭訓往来**』に羊羹や水煎の名あり	一三六六頃

室町時代				
一三九二	元中 九	南北朝の合一	『**七十一番職人歌合**』に饅頭売り、心太売り、餅売りの絵あり	一五〇〇頃
一四六七	応仁 元	応仁の乱始まる		
一四七四	文明 六	一休宗純、大徳寺住持となる		
一四八九	延徳 元	足利義政により、銀閣寺完成	食の作法書『**食物服用之巻**』に、羹の食べ方あり	一五〇四
一五四三	天文十二	ポルトガル人が種子島に漂着、鉄砲伝来		
一五四九	十八	フランシスコ＝ザビエル、鹿児島着 キリスト教の伝来	南蛮菓子の伝来、砂糖の輸入	
一五五三	天文二二	武田晴信(信玄)、信濃川中島で初めて長尾景虎（上杉謙信）と対陣する	『**言継卿記**』に鶉餅の名あり	一五五三
			宣教師ルイス＝フロイス、信長に金平糖を献上	一五六九
一五七三	天正 元	室町幕府滅亡	『**松屋会記**』『**天王寺屋会記**』に見える初期茶会の菓子は木の実や果物、昆布、羊羹、焼き餅など	
一五七六	四	織田信長、安土城に移る		

安土桃山時代				
一五八二	十	明智光秀、京都本能寺に織田信長を倒す		
一五八七	十五	豊臣秀吉、北野の大茶会を催す		
一五九〇	十八	豊臣秀吉、全国統一		
一五九一	十九	千利休、秀吉の怒りに触れ自刃する		
一五九二	文禄 元	文禄の役（～九六）		
一五九七	慶長 二	慶長の役（～九八）		
一六〇〇	五	関ヶ原の戦い	日本語をポルトガル語に訳した『**日葡辞書**』	一六〇三

江戸時代

一六〇三	八	徳川家康、征夷大将軍となり江戸幕府を開く
一六一五	元和　元	大坂夏の陣、豊臣氏滅亡
一六三七	寛永十四	島原の乱
一六三九	十六	ポルトガル船の来航禁止（鎖国の完成）
一六五四	承応　三	日本黄檗宗の開祖、隠元隆琦、来朝
一六五七	明暦　三	徳川光圀、『大日本史』編纂開始
一六六八	寛文　八	京都町奉行をおく
一六八七	貞享　四	徳川綱吉、生類憐みの令を発布する
一七〇二	元禄十五	赤穂浪士の討入
一七〇四	宝永　元	尾形光琳、「中村内蔵助像」を描く
一七一六	享保　元	徳川吉宗の享保の改革始まる
一七六三	宝暦十三	**平賀源内**『**物類品隲**』刊行　甘蔗栽培の説明、搾汁機の図を掲載、砂糖製法を紹介

刊行、羊羹、栗の粉餅、饅頭ほか菓子名の記載多数	
『**毛吹草**』に真盛豆、粟餅ほか京の名産紹介	一六三八
紅屋、**桔梗屋**など京菓子屋が江戸へ下る	一六四〇頃
『**料理物語**』刊行　玉子素麺、葛餅等、菓子の製法あり	一六四三
（万治年間）寒天の発見	一六五八～一六六一
桔梗屋菓子銘に一七〇余種の菓子銘あり	一六八三
『**雍州府志**』にふのやき、銀つば、饅頭ほか京都名物の菓子の記述あり	一六八四
『**人倫訓蒙図彙**』に菓子職人の図あり	一六九〇
『**男重宝記**』刊行　約二五〇種の菓子銘あり	一六九三
図説百科事典『**和漢三才図会**』に、かすてら、羊羹、すはまほか、菓子解説所載	一七一二
初の菓子製法書『**古今名物御前菓子秘伝抄**』刊行	一七一八
『**長崎夜話草**』にカステラほか南蛮菓子の名前あり	一七二〇

江戸時代

西暦	和暦	事項
一七六五	明和 二	『誹風柳多留』初編刊　鈴木春信、錦絵を創始
一七七二	安永 元	田沼意次、老中となる
一七八七	天明 七	松平定信老中就任　寛政の改革始まる
一八〇八	文化 五	間宮林蔵、樺太探検
一八二五	文政 八	異国船打払令
一八三七	天保 八	大塩平八郎の乱
一八四一	十二	老中水野忠邦の天保の改革始まる
一八四二	十三	滝沢（曲亭）馬琴『南総里見八犬伝』完成
一八五三	嘉永 六	ペリー、浦賀に来航
一八五八	安政 五	日米修好通商条約調印
一八六〇	万延 元	桜田門外の変（井伊直弼死）
一八六二	文久 二	孝明天皇皇妹和宮親子内親王、十四代将軍徳川家茂に降嫁する
一八六七	慶応 三	大政奉還
一八六九	明治 二	東京遷都

菓子関連事項	西暦
徳川吉宗、甘蔗苗を琉球から求め、諸藩に分け、製糖技術の伝播につとめる	一七二七
『**古今名物御前菓子図式**』刊行	一七六一
京都上菓子屋仲間結成	一七七五
江戸で寒天を使った煉羊羹が流行	一七八九頃
『**東海道中膝栗毛**』刊行、うずらやき、饅頭、外郎など茶屋で出される菓子の記述あり	一八〇二～九
『**餅菓子即席手製集**』刊行	一八〇五
大久保主水の『**嘉定私記**』に幕府嘉祥の記述あり	一八〇九
喜多村信節の『**嬉遊笑覧**』に菓子の記述あり	一八三〇
『**古今新製菓子大全**』刊行	一八四〇
『**菓子話船橋**』刊行	一八四一
菓子製法書『**鼎左秘録**』刊行	一八五二
『**守貞漫稿**』に食風俗の記述あり	一八五三
横浜に洋風パン屋開店	一八六〇
『**古今新製名菓秘録**』刊行	一八六二

主要参考図書

『祝いの食文化』松下幸子　東京美術　一九九一年
『江戸時代の朝鮮通信使』李進熙　講談社　一九八七年
『江戸食べもの誌』興津要　旺文社　一九八五年
『おーい、コンペートー』中田友一　あかね書房　一九九〇年
『菓子の事典』上巻和菓子編　菓子研究会編　三元社　一九五三年
『かすてら加寿底良』明坂英二　講談社　一九九一年
『金澤丹後江戸菓子文様』金澤復一　青蛙房　一九六六年
『京菓子』赤井達郎　平凡社カラー新書　一九七八年
『群書類従（飲食部）』続群書類従完成会　一九五七〜六〇年
『廣文庫』全二十冊　名著普及会　一九七七年
『古今名物御前菓子秘伝抄』鈴木晋一訳　教育社　一九八八年
『古事類苑　飲食部』吉川弘文館　一九八四年
『古典のなかに現れたる砂糖』谷口学　季刊糖業資報掲載　一九八〇〜八五年
『語理語源』寺西五郎　雪華社　一九六二年
『茶道古典全集』全十二巻　淡交新社　一九五七〜六二年
『四季の和菓子』全四巻　講談社　一九九〇年

『食文化に関する用語集』味の素食の文化センター　一九八六年
『新・かんてんなんでも百科』主婦の友出版サービスセンター　一九八八年
『随筆事典』柴田宵曲編　東京堂出版　一九六〇年
『図説　和菓子の今昔』青木直己　淡交社　二〇〇〇年
『川柳江戸食物誌』佐藤要人監修　太平書屋　一九八九年
『川柳食物史』山本成之助　牧野出版　一九七六年
『宗家の茶菓子』別冊家庭画報　世界文化社　一九八二年
『たべもの史話』鈴木晋一　平凡社　一九八九年
『たべもの噺』鈴木晋一　平凡社　一九八六年
『茶菓子の話』鈴木宗康　淡交社　一九六八年
『中国の年中行事』中村喬　大修館書店　一九八八年
『通航一覧』林復斎編　国書刊行会　一九一二年
『長崎の西洋料理』越中哲也　第一法規　一九八二年
『南蛮スペイン・ポルトガル料理のふしぎ探検』荒尾美代　日本テレビ出版　一九九二年
『日本随筆大成』吉川弘文館　一九七三〜七八年
『日本の菓子』全六巻　ダイレック　一九八五年
『日本の歴史⑨「日本国王と土民」』今谷明　集英社　一九九二年
『日本料理秘伝集成』全十九巻　同朋舎　一九八五年

『誹風柳多留全集』岡田甫改訂　三省堂　一九七六〜八四年
『邦訳日葡辞書』土井忠生・森田武・長南美編訳　岩波書店　一九九〇年
『饅頭博物誌』松崎寛雄　東京書房社　一九七三年
『落雁』徳力彦之助　三彩社　一九七五年
『料理文献解題』川上行蔵　柴田書店　一九七八年
『類聚近世風俗誌（守貞漫稿）』喜田川守貞著　室松岩雄編　国学院大学出版部　一九〇九年
『和菓子技法』全七巻　主婦の友社　一九八九年
『和菓子歳時記』別冊太陽　平凡社　一九八〇年
『和菓子の京都』川端道喜　岩波新書　一九九〇年
『和菓子の系譜』中村孝也　国書刊行会　一九九〇年
『和菓子の事典』奥山益朗編　東京堂出版　一九八三年
『和漢三才図会』寺島良安著　竹島淳夫・樋口元巳・島田勇雄訳注　平凡社東洋文庫　一九九一年

あとがき

大学四年を目前にした春、私は卒業論文のテーマに何を選ぶか悩んでいました。宗達や光琳など近世の画家に関心をもっていましたが、卒論には、現代にもつながる、生活に関連したテーマを選びたいと思っていたのです。

そんな折、和菓子の意匠を今に伝える江戸時代の絵図帳が、老舗の菓子店や図書館に残っていることを知り、調べてみたいという思いを強くしました。卒論のテーマになるかどうか疑問もありましたが、老舗の菓子店に問い合わせたり、各地の図書館に立ち寄るなど、実際に絵図帳を見、撮影やスケッチをする作業にとりかかりました。最終的には、主要な絵図帳の菓子銘や意匠を分類し、その特色を探ることで卒論にまとめたわけですが、和菓子意匠の創意に興味を覚えた私は、いつかこの魅力を何らかの形で紹介できたらと漠然と考えていました。

その後、幸いにも、菓子関係の資料を豊富に所蔵する虎屋文庫の仕事につくことができ、年に二回の菓子関連の展示準備をしながら、和菓子や日本文化について思いを巡らす環境に恵まれました。なによりも、製造の現場に近いところで、和菓子に接することができたのは、幸運だったといえるでしょう。業務を通じて、数多くの方々と出会えたことが本書の誕生につながっていることと思います。

最後になりましたが、本書の出版にあたり、これまでご助言、ご教示下さった、中野政樹東京芸術大学教授（現・名誉教授）、栄久庵憲司GKインダストリアルデザイン研究所会長、亀倉加久子さん、鈴木晋一先生ほか食文化研究会の諸先生方そして、お亡くなりになった萬年堂の樋口喜一郎さんに心より感謝申し上げます。また、すばらしい装幀を手がけて下さいました日展理事（工芸美術）の永井鐵太郎先生に厚く御礼申し上げます。加えて私に出版の機会を与えて下さった新人物往来社の酒井直行さん、相馬生奈子さん。そのきっかけを作ってくださった近江かおるさん、土屋恵子さん。どうもありがとうございました。

お名前をすべて記すことができないのが残念ですが、浅学ながらも私が本書を執筆することができたのは、文庫展示にいらして下さった和菓子ファンの方々の励ましのお言葉があったからと感じます。よき出会いに恵まれ、うれしく思います。

虎屋に限らず、老舗の和菓子店には、まだまだ未公開の資料が秘蔵されているようですが、今後、和菓子資料の重要性が認識され、さらに研究がすすむことを望んでやみません。多くの方々からご教示をいただきながら、和菓子の世界を究めることができたらと願っています。

一九九三年九月一日

中山圭子

文庫版のためのあとがき

多くの方々のお世話になり、『和菓子ものがたり』を出版させていただいてから、早くも七年の月日がたちました。新聞や雑誌に本や虎屋文庫の活動が紹介される幸運にも恵まれ、この七年の間に仕事の幅もずいぶん広がったという気がします。和菓子についてエッセイを書いたり、お話しさせていただく機会が増えると同時に、和菓子に興味をもっている方々との多くの出会いがありました。

年齢・性別・職業・国籍が異なっても、和菓子好き同志なら、話題は尽きないものです。お茶会を催して菓子談義に花を咲かせたり、一緒に京都や金沢などの有名な菓子屋をまわるなど、楽しい企画も増えました。

卒論や自主研究のテーマに和菓子を選びたいという学生さんが、訪ねてくるようになったのも、喜びごとのひとつです。和菓子も研究対象になるという認識が広まるのは、願ってもないこと。ぜひ、卒業後も調査研究を続け、何らかのかたちで発表してほしいなあと感じます。いろいろな分野の方々と、和菓子を多角的に探求できたらという願いは、ますます強まっているといえるでしょう。

さて、七年前、ワープロで書いていた原稿も、今やパソコンを使う時代となりました。伝統的な和菓子の世界も、この新たな情報化の波にのって、大きく変わりつつあります。インターネットを使って、全国各地の菓子情報も入手しやすくなり、和菓子ファンのサイトで同志と情報交換もできるようになりました。今年になってパソコンを使うようになった私もいろいろとこの恩恵に与かっています。たとえば、どんぐりを使った菓子は、今でも作られているのかしらと思って検索すると、どんぐり餅の販売店にアクセスできるという具合。便利な世の中になったものと感心してしまいます。

さらに日本に限らず、世界の菓子情報も手にはいるのですから、わくわくしてしまいます。つい最近も、栗のことを調べていたのですが、イタリアの栗祭りの案内や栗菓子の作り方が栗協会らしきホームページに出ていたので、すっかり見入ってしまいました(残念ながらイタリア語だったので、内容はよくわからなかったのですが……)。

世界各地の菓子情報がもっと入手できるようになれば、和菓子の特徴や外国文化との関わりについても、より見えてくるものがあるのではと思います。唐菓子や南蛮菓子などは、中国、ポルトガルのどんな菓子とつながりがあるのか、まだまだわからないことばかりですので、現地の菓子事情に関する詳しい情報もぜひほしいところです。それと同時にネットを通じ、日本側からも和菓子の魅力を世界に発信していきたいもの。身近な食べものである和菓子をきっかけに、日本の文化や伝統に興味をもってもらえればすばらしいでしょう。

さらなる情報革命が期待される二十一世紀を目前に、『和菓子ものがたり』が装いも新たにカラー図版も加わって文庫化されるとは、うれしい巡り合わせと感じます。和菓子ファンがさらに増え、和菓子の輪が世界的規模で広がるよう、未来への夢を本にたくしたいと思います。

最後になりましたが、文庫化にあたって、お忙しい中、素敵なエッセイを寄せて下さった森村泰昌さん、編集を担当して下さった千田真由美さんに心から感謝申し上げます。

二〇〇〇年九月

中山圭子

巻末エッセイ

甘党和菓子派の話

森村泰昌

ひとそれぞれに好き嫌いがある。甘党のひとがいるかと思えば辛党のひとがいる。甘党でも和菓子派と洋菓子派がある。そしてたとえば同じ和菓子派だからといっても、みんなが同じ味の趣味を持ちあわせているともかぎらない。

もなかが好きなひとがある。しかし甘党でも、口裏にくっつくような、あのもなかの皮の感触が苦手なひともいる。おはぎ好きなひとがいるいっぽうで、米と餡の組合せを異常と感じるひともいる。

あなたは漉し餡派か粒餡派か。これは甘党和菓子派の井戸端会議ではかならず議題に上る定番の話題ではないだろうか。中山圭子さんの本では粒餡ではなく小倉餡と表現されているが、関西に住む私には粒餡という言い方のほうがポピュラーである。地域で和菓子用語の用法が異なることもまたおもしろい。ともかくそういう粒餡が好きなひとがいるのだが、かたや漉し餡だと主張するひともおおい。

雑誌名は忘れたが、横尾忠則さんの、甘いものに関するインタビューが載っていたことがある。横尾さんは有名な画家でありデザイナーであるが、知るひとぞ知るの甘党和菓子派でもある。

インタビュアがこう聞いた。

「横尾さんは漉し餡がお好きですか、それとも粒餡でしょうか」

横尾さんは、迷うことなく「粒餡」と答えた。インタビュアがその理由をたずねた。横尾さんは甘党の党首よろしくこう答えた。「粒餡は二度楽しめるから」と。

横尾理論を説明するとこうである。粒餡のばあい、あたりまえだがまず粒餡の味わいが味わえる。そののち、餡を口中で咀嚼していると粒餡のつぶつぶがつぶれていく。すると今度は漉し餡の味わいとなる。つまり、粒餡は、粒餡と漉し餡の両方が楽しめるが、漉し餡では粒餡の味わいを得ることは不可能だというのだ。

これを読んだとき、そんなアホなと思いつつも、なんとなくなるほどと感心した。しかし中山さんの本書を読むと、漉し餡と粒餡とでは製法が違っていることがわかる。中山さんによれば、「古来、皮を除き、中身で作る漉し餡」（二八二頁）云々とある。口中で粒餡をすりつぶしても、漉し餡になるわけではないのである。そうだったのかと本書で教えられつつ、だが想像力豊かな（感じのする）横尾理論も、私には捨てがたい。

餡ひとつをとってみても、こうして話題がひろがってゆく。その様子がうれしい。茶会の席で、和菓子は、客と主人の間の会話を取り持つ重要なコミュニケーションツールとして作用してきた。そのことは、茶会でなくても、いつなんどきでも変わらない。ちなみに、私はどちらかというと、甘党和菓子派漉し餡系です。でも粒餡も好きです。


私の好きな和菓子のひとつに「鮎焼き」がある。中山さんの本書（「魚・菓子づくし」の項）にも言及されていたように、「鮎焼き」とは「小麦粉と卵を使った生地を焼き、求肥を包んで丸め、焼印で、目や尾をつけたもの」（一二五頁）である。つまりカステラ生地と求肥を組み合わせた、むっちり系の菓子である。

夏になるといろいろな和菓子屋さんがこれを売りだす。カステラ生地の焼きぐあい。求肥の甘味のほどあい。形、大きさ。焼印がつけた鮎の顔の表情。それらの微妙な違いが、それぞれのお店の独自性をかもしだす。

ところでこの「鮎焼き」、どこから食べるのが理想なんだろうか。頭と尻尾を食べてしまえば、もうただの求肥のカステラ巻きにすぎず、風情はなくなる。しかし通常、頭と尻尾には求肥はなくカステラだけでできているから、やっぱりいちばんおいしいのは胴体部分であり、私としてはここを最後に残しておきたいのである。風情をとるか、味わいを優先させるか、「鮎焼き」を前に置き、いつも私は、どこから食べるか迷ってしまう。悩ましき菓子である。

カステラ生地の和菓子といえば、私には「釣鐘饅頭」と「芭蕉」がおなじみである。お寺の鐘の形をしたカステラ生地のなかに庶民的風味の漉し餡がはいった「釣鐘饅頭」、バナナの形をしたカステラ地のなかにバナナ餡がはいった「芭蕉」。

これらは私の住む大阪産の和菓子である。中山さんの本書では、江戸の和菓子が中心に語られている。「記憶の彼方から」の章には、私のまったく知らなかったおもしろい和菓子がいっぱい登場する。

大阪、京都、江戸、そして日本全国各地。それぞれの土地ならではの和菓子がある。それればかりか、和菓子といえども外来文化を抜きにしては語れない。このことも本書を通じてあらためて確認できる。

たとえば羊羹。「なんでヒツジさんなのかしら」と、昔から私には謎だった。そしてその「なんでか」は、本書「和菓子綺譚」の章で読者は知ることができるが、ようするに中国の羊羹が和風化して日本の羊羹となったのであるらしい。その変化の様子を学びつつ、これって、中国の水墨画と日本の水墨画の違いとかにも通ずる、美術史的あるいは文化人類学的宇宙にも通じているなと思った。

が、それ以上の難しいことを考えるのは、私には精神的消化不良となるので、このへんで、この件については「ごちそうさま」としておこう。

今、「文化人類学的宇宙」などと、「宇宙」という言葉を使ったけれど、私にはひそかな夢がある。それは日本全国の和菓子によって宇宙を作りあげるという夢である。とはいっても、この夢にむかって、私はまだ二歩くらいしか進んでいない。

富山の銘菓に、四角くて軽くて甘くて黄色い、きわめてシンプルな菓子がある。名前を「月世界」という。これで「月」ができた。和菓子の宇宙への第一歩である。

栃木に、「地球もなか」というのがある。もなかの皮が球体で、外観はちいさなおもちゃの地球儀といった感じである。これで「地球」はOK。これが二歩目。

ところがこれ以上が進まない。せいぜいコンペイトウで、星屑にするのが関の山である。

そこで私は考えた。全国津々浦々に、甘党和菓子派の党員を増やしてゆくのはどうかと。みんなで連携し、各地の和菓子情報を収集すれば、和菓子の宇宙もますます広がってゆくのではないかと思うのだ。

ともかくこのように、和菓子とは、話題が豊富であり、広大かつ深い学問の対象であり、また胃袋だけでなく想像力にも訴えかけるお楽しみな世界でもある。

食べられる文学。食べられる音楽。食べられる美術。和菓子とはそういうものであると私は思う。

（もりむら・やすまさ　美術家）

本書の写真や資料のうち、所蔵の記載のないものは株式会社虎屋の協力をいただいたものです。亡くなられた黒川光朝虎屋十六代社長、そして現在の黒川光博虎屋十七代社長、野上千之前虎屋文庫長はじめ歴代の文庫長、青木直己専門職課長ほか、虎屋文庫の室員をはじめ虎屋の方々のご教示、ご協力に感謝申し上げます。

〈写真撮影協力〉
安室久光
飯田利彦
市川信也ほか

和菓子《わがし》ものがたり　朝日文庫

2001年1月1日　第1刷発行

著　　者　中《なか》山《やま》圭《けい》子《こ》

発行者　山崎幸雄
発行所　朝日新聞社
〒104-8011　東京都中央区築地5-3-2
電話　03(3545)0131（代表）
編集＝書籍編集部　販売＝出版販売部
振替　00190-0-155414
印刷製本　凸版印刷株式会社

ISBN4-02-264257-2

朝日文庫

陳舜臣コレクション

歴史入門書・雄大なドラマ・珠玉の随想

●——ものがたり 唐代伝奇《とうだいでんき》

物語の中の物語〈伝奇〉……悲劇、活劇、怪奇譚の数々から選りすぐった十七編の唐代伝奇物語集

●——ものがたり 水滸伝《すいこでん》

梁山泊に拠る百八人の無頼の豪傑たちが、権力に立ち向かって縦横無尽に暴れ回る大活劇ロマン

●——ものがたり 史記《しき》

中国の歴史書の白眉にして日中両国で教養人必読の書を、やさしく説きおこした新編『史記』

●——西域余聞《せいいきよぶん》

夢の交易路・シルクロードをゆきかった文物を通して、東西の文化交流の姿を活写した歴史随想

●——録外録《ろくがいろく》

マルコ・ポーロ、ガーザーン汗……中国の正史の影に仄見える傑出した人物の夢と運命を描く

●——天竺《てんじく》への道

唐代初め、天竺へ密出国し、艱難辛苦の果てに仏教の教典を持ち帰った玄奘法師の足跡を辿る

●——茶の話——茶事遍路《さじへんろ》

茶碗を手に、ふと茶の世界に遊ぶ。茶にまつわるさまざまな歴史・文化に思いを馳せる好読物

●——儒教《じゅきょう》三千年

儒教とは何か——三千年の長きにわたる歴史を繙きつつ、現代に生きる哲学の秘密を探る入門書

●——含笑花《がんしょうか》の木

中国への取材旅行で目にした景観と人々の暮らし——作家としての原点を見つめたエッセイ集

●——麒麟《きりん》の志《こころざし》

韻律が奏でる広やかな世界——歴史小説家のもう一つの魅力にふれる、自作漢詩とエッセイ集

●——残糸《ざんし》の曲《きょく》〈上・下〉

第二次大戦前の神戸・上海を舞台に、二つの祖国の狭間で成長してゆく少年の波乱の道程

●——桃花流水《とうかりゅうすい》〈上・下〉

故国中国の危機——抗日運動にめざめた美貌の娘・碧雲。乱世に生きる人間の宿命と愛。感動巨編